초연결 · 융합시대의 수학 시리즈

II

멀고도 가까운 수학

수학, 우리 같이 놀자!

조용승 · 김수남 지음

KYOWOO

멀고도 가까운 수학

II. 수학, 우리 같이 놀자!

초판 발행 2021년 12월 1일
초판 2쇄 발행 2023년 8월 30일

지은이 조용승 · 김수남
펴낸이 오판근
펴낸곳 (주) 교우
주 소 서울시 동대문구 약령시로 8 교우빌딩 2층 (주)교우
전 화 02-925-2861 / **팩 스** 02-925-2860, **편집부** 02-925-2825
홈페이지&북스토어 www.kyowoo.co.kr / 이메일 kyowoo@kyowoo.co.kr

등 록 1994년 3월 24일 제1994-000013호
ISBN 979-11-251-0342-4 (04410) / 979-11-251-0340-0 (세트)

(주) 교우는 보다 혁신적이고 참신한 도서를 다양하게 기획하고 있습니다.
책으로 펴내고자 하는 아이디어나 원고는 메일로 보내주세요.
(주) 교우는 전과정을 책임지고 최선을 다하겠습니다.

값 18,000원

교우미디어는 (주) 교우의 Imprint 사입니다.
수학정원·과학정원은 (주) 교우의 새로운 브랜드명입니다.

잘못된 책은 구입하신 서점에서 교환해 드립니다.

머리말

초연결 · 융합시대의 수학 시리즈 **'멀고도 가까운 수학'**은 신문잡지에 기고한 글과 과학영재아카데미에서 지도교수로 활동하면서 영감을 받아 특별강연과 수리정보반 학생들에게 들려준 내용의 일부를 기초로 하였으며, 필자가 50년 가까이 수학을 가르치면서 〈창의 · 융합형 인재〉 양성을 염두에 두고서 초 · 중 · 고 학생들에게 하고 싶은 이야기를 토대로 하여 엮어진 책입니다. 일반인 중에도 수학에 관심이 있으신 분들이나 현실 수학을 좀 더 알고 싶으신 분들에게는 도움이 될 내용들입니다.

수학을 한마디로 표현하자면 **수학이란 인문 · 사회 · 자연 현상에 숨겨진 내부의 법칙과 질서, 패턴과 구조를 찾는 학문이라고 말할 수 있을 것입니다.** 필자는 일평생 수학을 즐겁게 연구하며 살고 있습니다. 수학은 정직하며 논리 정연해서 저를 기쁘게 합니다. 대학 강단에서 때로는 대중 강연에서 '수학이 어렵다'라는 말을 들을 때마다 '여러분은 수학적으로 잘 생활하고 계십니다.' 라고 말합니다. 아마 속으로는 '수학의 수(數)자만 들어도 골치 아픈데 무슨 말씀이실까?' 라고 일반적으로 생각하실 것입니다. 우리의 하루하루를 면밀히 들여다보면, 깨어나서부터 잠들 때까지 할 일에 대해 논리적으로 따진 후에 우선순위를 정하여 행동에 옮기고, 늘 순간순간의 생각과 행동은 최적화된 결과를 바라면서 움직입니다. 다만 그런 논리적이고 최적화된 결과를 도출하는 과정들이 수학적으로 생각하는 것임을 느끼지 못할 뿐입니다. 수학의 적극적 대중화가 우리 모두의 삶을 성공적으로 이끌어 가고, 우리나라 국민소득을 높이고 국가 경쟁력을 향상시키며, 우리들의 지적(知的) 재무장을 강화시키는데 기여하리라 의심치 않습니다. 왜냐하면 수학적인 삶은 가장 자연적이고 효율적이며 논리적이기 때문입니다. '4차산업혁명은 수학혁명이다'라고 까지 말하는 이 초연결 · 융합의 시대에 개개인의 수학적 재무장은 자신을 발전시키고, 무한경쟁 사회에서 우리 자신뿐만 아니라 우리나라를 강하고 경쟁력 있는 선진국으로 반드시 올려놓을 것입니다.

2012년도에 **'자연과 문명 속의 수학'**을 이화여자대학교 출판사를 통해서 출간하였는데 그 책에서는 인류 문명과 문화에 녹아 숨 쉬고 있으며, 우리가 살아가는데 꼭 필요한 소양과 지혜로 인식되는 수학의 여러 방면에 대해서 요모조모 살폈습니다.

'자연과 문명 속의 수학'이 출간된 후 10년도 채 안된 시간에 세상은 참으로 많이 변했습니다. 그래서 본 시리즈는 업데이트 차원으로 4차산업혁명의 혁신적인 시대를 기저에 두고서 수학이라는 키워드에 초점을 맞춰서 어떻게 수학이 우리의 삶과 연결되고, 문명을 첨단화시키는데 이용되며, 날마다의 우리 생활에 작용하는지에 대해 이야기하고자 합니다. 수학의 역사는 인간의 역사와 거의 궤를 같이 하는 기나긴 역사와 함께 차곡차곡 쌓이면서 발전한 학문이고, 인간을 둘러싼 자연과 문명뿐만 아니라 날마다의 생활 속에 보이게 때로는 보이지 않게 늘 상존해 있었기 때문에 둘러볼 내용도 많습니다.

멀고도 가까운 수학은 두 권의 시리즈 I, II로 구성하였습니다.

시리즈 I. 〈수학, 너는 누구니?〉는 멀게만 느껴지는 수학의 세계와 수학적 아이디어, 그리고 수학을 통해 이루어진 위대한 역사적 성과에 초점을 맞추었습니다. 내용은 수학의 역사, 수학이 어떻게 정치, 국방, 경제 및 사회 분야를 과거와 미래로 연결 지으며 우리 삶 깊숙이 녹아있는지 등 수학과 우리 삶의 직접적인 연관성에 대해서 살펴봅니다.

시리즈 II. 〈수학, 우리 같이 놀자!〉는 4차산업혁명시대의 우리들 생활과 산업공학 및 다양한 과학적 진보 및 보건 의료 등 우리 삶과 밀접하게 펀더멘탈을 구성하고 있는 수학의 파워와 응용에 대해 살펴봅니다. 애니메이션 영화, 컴퓨팅, 빅데이터, 통신, 쇼셜미디어, 드론, 로봇, 비행기와 선박, 첨단의료, 첨단무기, 스포츠 분야 등 수학과 융합하여 진보를 이룩한 첨단분야는 무궁무진합니다. 국가안보, 금융과 보험, 암호, 여론조사 등은 국가경쟁력과 수학은 비례한다는 주장에 초점을 맞춘 내용입니다.

현실적으로 수학은 멀고도 가깝게 우리의 삶에 깊숙이 연결되고 융합되어 우리를 발전하게 합니다. 이제 여유를 갖고서 시험이라는 굴레에서 벗어나서 수학을 좀 더 알고 싶고, 수학을 가능하면 더 활용하고 싶고, 성공적인 삶을 살아가고 싶고, 더 나아가서는 수학을 정복하고 싶은 우리 독자들의 속마음에 이번 수학 시리즈가 즐거움과 유익함을 함께 드릴 수 있기를 소망합니다.

공동저자 김수남 교수는 어린이 청소년 대상 독서지도의 이론과 실제에 관심이 많은 전문가로서, 4차산업혁명이 눈사태와 지진해일처럼 밀려오는 시대에 모든 시스템이 바뀌고 사람의 사고방식도 급격히 바뀌는 세상을 앞에 두고서 어떻게 현명하게 미래를 대비하는 독서교육이 이루어져야 하는 지에 첨예한 관심을 가지고 있습니다. 21세기 우리의 국가 비전의 성패가 국민의 창의력 있는 개개인의 능력에 있음에 역점을 두고 중요한 내용을 습득하는 독서가 이뤄져야 한다고 믿습니다. 융합과 초연결의 시대에 문제해결능력을 진정으로 갖춘 고등 지적 능력과 창의력을 갖춘 인재가 산출되는 나라가 경쟁력 있는 핵심국가로 거듭날 것이라고 믿으며 본 저서 출판에 동참하였습니다.

본 시리즈의 출판을 제의하시고 수학이 무엇인지 어떻게 우리 삶과 밀접한 관련이 있는 지를 묶어 출판할 수 있는 귀한 기회를 주신 ㈜교우 오판근 사장님과 그의 출판 팀원께 다시 한번 진심으로 감사를 드립니다.

저자 조용승 · 김수남 드림

차례

멀고도 가까운 수학

I. 수학, 너는 누구니?

차례

멀고도 가까운 수학
II. 수학, 우리 같이 놀자!

멀고도 가까운 수학

II. 수학, 우리 같이 놀자 !

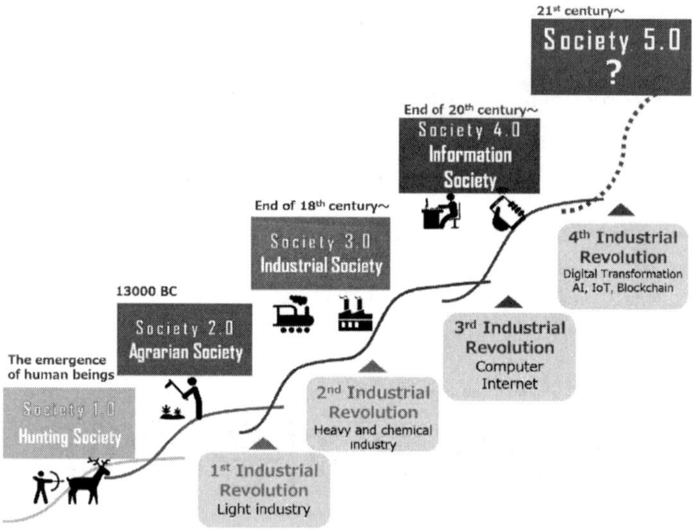

획기적으로 진보를 이룩한 다양한 소프트웨어(software)기술은 다양한 빅데이터(Big Data)자료를 인공지능(Artificial Intelligence) 기술로 재해석함에 따라 인간두뇌보다 빠르고, 더 정확한 의사 결정을 할 수 있어 4차 산업혁명의 근간기술로 대두되었습니다. 이 분야는 지속적으로 더욱 진보하고 발전해나갈 것으로 보입니다. 모든 학문은 중요합니다. 본 책의 목적은 수학이 학문 전반에 걸쳐 스며들어 있으며, 중요한 역할을 하고 있음을 일깨워 주고자 함입니다. (이미지출처: keidanren society 5.0)

수학, 우리 같이 놀자!

Chapter 01

4차 산업혁명의 핵심은 수학

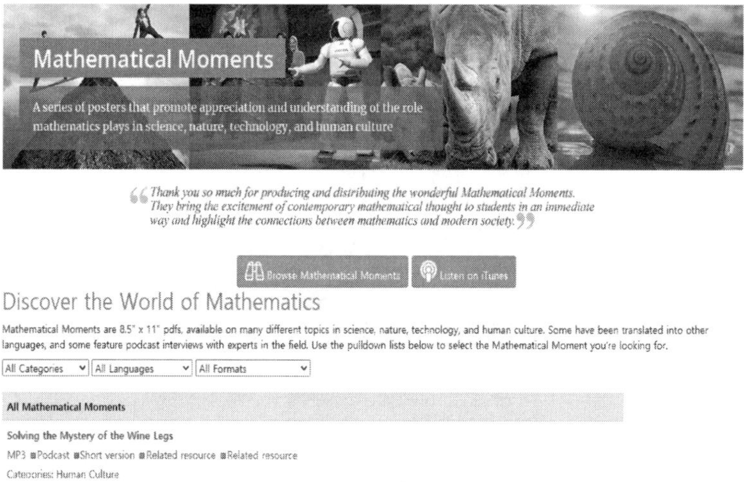

수학의 순간들(Mathematical Moments)에는 한국어도 포함되어 있으며 현재까지 170여 이상의 주제에 관한 포스터가 제작되었습니다. 거의 모든 주제가 우리가 사는 현 4차 산업사회의 현상과 관심사들입니다(미국수학회 사이트 참조).

미국수학회는 홈페이지에 **수학의 순간들** (Mathematical Moments)라 하여 과학, 자연, 기술 및 인간 문화에서 수학의 역할에 대한 감사와 이해를 증진시키는 일련의 포스터를 여러 나라 언어로 제작하여 수학과 현대사회와의 긴밀한 연결성을 보여주고자 노력하고 있습니다. 살펴보면 수학의 쓰임새와 수학적 개념을 이해하기 쉽게 설명해줍니다. 수학에 관심있는 사람들에게 권하는 사이트입니다.

1.1. 4차 산업혁명(Fourth Industrial Revolution)은 수학혁명

얼마 전 한국경제(2019.08.18일 자) 기사에 '4차 산업혁명 한 · 일 전(戰) 수학에 달렸다–수학이 세상을 바꾼다' 가 실렸습니다.

한국경제신문에 따르면 2016년 기준 미국 수학 박사의 30% 이상이 산업계에서 활동하고, 일본은 12%인데 비해 우리나라는 2%에 불과합니다. 수학이 국부의 원천이 되는 시대가 왔다고 진단하는 현실에서 보다 엄중한 현실인식이 필요하다고 봅니다.

한국은 국가차원의 수학 진흥에 대한 전략 없이 홀대를 받는 상황에서 일본 정부는 4차 산업혁명시대에서 수학의 중요성을 인지하고 수학전공자를 획기적으로 처우하면서 "인공지능(AI), 빅데이터 등 4차 산업혁명의 승자가 되기 위해 필요한 것은 첫째도 수학, 둘째도 수학, 셋째도 수학"이라고 강조하고 나섰기 때문입니다.

제4차 산업혁명을 주도하고 그 한계조차 초월하고 더 발전하기 위해 절대로 빼 놓을 수 없는 과학은 세 개입니다. 그 **첫째는 수학, 둘째는 수학, 그리고 셋째도 수학입니다** (2019.03.26)."이는 일본의 경제산업성과 문부과학성이 공동으로 주재한 의견교환회의의 보고서에 기재돼 있는 말입니다.

"수학이 국부의 원천이 되는 시대가 도래했다", "수학이 4차 산업혁명의 심장이 됐다" 라며 세계 주요 국가들은 4차 산업혁명의 핵심 기초학문인 수학 경쟁력을 끌어올리는 데 국가적 역량을 집중하고 있습니다. 영국과 일본은 특히 정부가 앞장서서 수학 보고서까지 작성해 전략을 짤 정도입니다. 수학 경쟁력을 확보하지 않고선 인공지능(AI) · 빅데이터 · 클라우드를 근간으로 하는 4차 산업혁명을 주도할 수 없다고 판단하고 있습니다.

• 일본의 수학

일본 정부는 지난 2019년 3월 내놓은 경제산업성 · 문부과학성의 '**수리자본주의의 시대: 수학의 힘이 세상을 바꾼다**' 제목의 보고서를 통해 수학을 국부의 원천이라고 규정했습니다. "파괴적 혁신을 일으키기 위한 가장 보편적이고 강력한 도구가 수학"이라고 단

언했습니다. 일본 정부는 2018년 8월부터 2019년 3월까지 7개월에 걸쳐 주요 산업군을 조사하고 각계 전문가 의견을 수렴한 끝에 이같이 결론 내렸습니다. "머신러닝, 확률론, 선형계획법, 유체시뮬레이션 등 기술혁신을 위해 수학이 쓰이지 않는 분야가 없다"고 분석했으며, 또한 "AI, 컴퓨터그래픽(CG) 분야 엔지니어의 능력은 '수학'에 의해 비약적으로 높아진다"고 강조했습니다.

The Coming Era of Mathematical Capitalism

–How the Power of Mathematics Changes Our Future–

<Summary>

March 26, 2019

Industry-Academia Round-Table Discussion to Encourage Human Resources in the Fields of Science and Mathematics to Play Important Roles in Industry

수학 자본주의의 시대 –수학의 힘이 우리의 미래를 바꾸는 방법 〈요약〉, 2019 년 3 월 26 일, 산업에서 중요한 역할을 하는 과학 및 수학 분야의 인적자원을 장려하기 위한 산학 간담회 보고서. 일본 경제산업성 홈페이지에 게재된 보고서(METI Ministry of Economy, Trade and Industry)

일본은 4차 산업혁명 추진전략을 짜면서 로드맵으로 일본의 경제산업성과 문부과학성은 수학 경쟁력을 강화하기 위해 10대 정책목표를 제시했는데, 주목되는 점은 대학의 수학 교육 전면 쇄신입니다. 6개 거점 대학(도쿄대, 교토대, 홋카이도대, 시가대, 오사카대, 규슈대)을 그 중심에 두고서 수학 및 데이터과학 교육과정을 새로 구성하고 다른 20개 대학으로 확산하기로 했습니다. 4개 대학(홋카이도대, 사이타마대, 나고야공대, 가나자와공대)에는 수학 및 통계학 부전공 신설 의무화를 검토하고 있습니다. 교육 커리큘럼은 기업 필요에 따라 세분화하기로 했으며, 각종 기술자격 검증시험에서 4차 산업에 가장 활용도가 높은 분야인 확률과 통계, 선형대수(행렬·벡터) 출제비율도 높이기로 했습니다.

산 · 학 연계 활성화 역시 빼놓을 수 없습니다. 크게는 각 산업군에 수학 중장기 연구그룹을 결성한다는 전략입니다. 기업별로는 대학과의 수학 인재 온라인 매칭 시스템을 마련하고, 수학 박사과정 진학을 지원하는 프로그램 구축을 유도하기로 했으며 수학 관련 직업의 처우를 개선한다는 내용도 포함했습니다.

• 영국의 수학

일본뿐 아니라, 19~20세기 1 · 2차 산업혁명을 주도했던 영국도 4차 산업혁명의 핵심으로 수학을 주목했습니다. 영국 총리 직속 '**공학 및 자연과학 연구위원회**(The Engineering and Physical Sciences Research Council, EPSRC)는 지난해 '**수학의 시대**(The Era of Mathematics)'라는 보고서를 내놨습니다. "수학이 AI, 첨단 의학, 스마트시티, 자율주행자동차, 항공우주 등 4차 산업혁명의 '심장'이 됐다"며 "**21세기 산업은 수학이 좌우할 것**"이라고 내다봤습니다.

EPSRC 보고서는 수학이 영국 경제에 미치는 영향을 구체적으로 분석해 제시하며 그 중요성을 부각시켰습니다. 2008~2013년 수학이 영국에서 창출한 연평균 경제가치를 국내총생산(GDP)의 16%가량인 2080억 파운드(약 308조원)로 계산 했습니다. 수학의 투자액 대비 가치창출 효과는 588배로 물리학(31배), 공학(88배)보다 압도적으로 높았습니다. 반도체 디스플레이 등 산업 소재의 원천인 화학(246배)보다 2.4배 높았습니다. 보고서는 "영국이 다시 세계의 중심에 서려면 수학 인재 확보 및 관련 인프라 구축에 모든 것을 걸어야 한다"고 강조합니다.

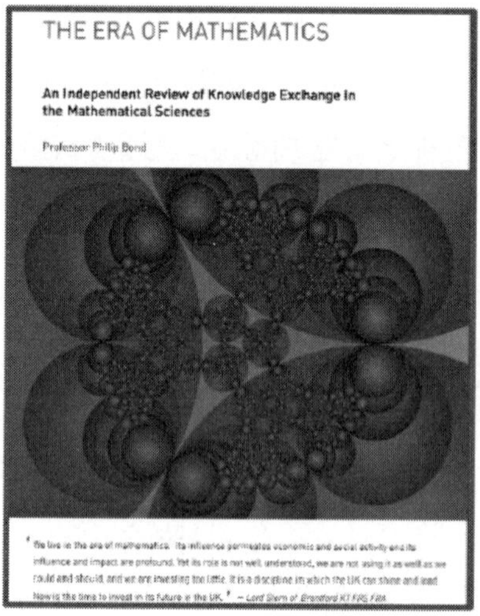

수학의 시대, 영국 공학 및 물리 과학 연구위원회 EPSRC(Engineering and Physical Sciences Research Council) 홈페이지에 게재됨. EPSRC는 영국의 공학 및 물리 과학 연구를 위한 주요 자금 지원 국가기관으로 국가가 직면한 과학 및 기술 문제를 해결하는 데 필요한 지식 및 기술 기반을 구축하고 있습니다. EPSRC는 대학, 연구 기관, 기업, 자선단체 및 정부와 협력하여 연구 및 혁신을 위한 최상의 환경을 조성하는 새로운 기관으로서 영국의 연구 및 혁신의 일부입니다.

영국 중앙은행이 지난달 자국의 천재 수학자 **앨런 튜링**(Alan Turing, 1912-1954)을 50파운드 지폐의 초상인물로 결정한 것은 이런 맥락과 닿아 있습니다. 튜링은 0과 1로 연산하는 **디지털컴퓨터**의 개념을 처음 설계한 사람입니다. '기계가 인간의 사고를 할 수 있다'는 개념을 처음 고안해 'AI의 창시자'로 불립니다. 그는 독일군의 암호(에니그마)를 해독해 2차 세계대전을 승리로 이끈 인물로도 유명합니다.

• 인공지능

튜링의 개념에 뿌리를 둔 **인공지능** AI(artificial intelligence)는 4차 산업혁명의 꽃으로 불립니다. 1940년대 이미 **'인공신경망**(Artificial Neural Network, ANN)' 개념이 등장했습니다. 1956년 미국 매사추세츠 다트머스대에서 열린 한 콘퍼런스에서 'AI'란 말이 처음 사용됐으며, 초기 AI의 대표 알고리즘이 바로 **'If-then** (만약~하면~해라)'룰입니다. 소수 전문가 영역에 갇혀 있던 AI가 세상 밖으로 나오기 시작한 것은 1980~1990년대 수학과 컴퓨터 프로그래밍이 결합하면서 부터입니다. **딥러닝**(deep learning)의 기본구조인 인공신경망은 무수한 뉴런과 시냅스로 연결된 뇌신경망 구조를 흉내 냈습니다. 수많은 데이터(입력값)를 보고 경우의 수를 하나하나씩 줄여나가 하나의 결론(출력값)을 도출하는 확률게임입니다. 이 과정은 무수히 많은 변수로 구성된 함수로 만들 수 있습니다. 출력값과 실제값의 차이가 작을수록 좋은 AI이며, 이때 함수의 극대 · 극소값을 구하는 미분이 사용됩니다.

2000년대 이후 인터넷 데이터가 폭발적으로 쌓이고 컴퓨터 성능이 기하급수적으로 증가하면서 AI시대가 활짝 열렸습니다. 딥러닝 알고리즘의 양대 산맥인 **컨볼루션신경망**(convolution neural network, CNN)과 **순환신경망**(recurrent neural network, RNN)은 **인공신경망**(ANN)이 진화한 것입니다. CNN은 이미지 인식, RNN은 시계열 데이터 또는 음성 인식에 강점을 보입니다. 2012년 캐나다 토론토대 연구진이 내놓은 AI 알고리즘 '슈퍼비전'은 CNN이 비약적으로 발전하는 계기를 마련했습니다.

1.2. 경제규모와 과학기술

국가의 경제력 규모와 기초과학순위는 거의 비례합니다. 2019년 세계 GDP순 경제규모는 미국(1)–중국–일본–독일–인도–영국–프랑스–이탈리아–브라질–캐나다–러시아–대한민국(12)–스페인–호주–멕시코(15)순이고, 2018년도 과학기술 논문색인(SCI) 등재 논문 수는 미국–중국–영국–독일–일본–프랑스–캐나다–이탈리아–인도–호주–스페인–한국(12) 순입니다. 대한민국의 경제력은 12위이고 SCI 등재논문수도 12위입니다.

중국의 경우 이공계 우대정책은 고위관직에의 이공계 발탁에서만 아니라 수학연구 예산을 최근 연간 25~30%로 급격히 증가시키고 있음을 보아도 잘 알 수 있습니다. 최근 중국경제의 급성장 배후에는 기초과학에의 지속적인 투자와 인재양성이 자리하고 있습니다.

그러면 한국은 어떤가요? 스위스 국제경영개발원의 2018년도 국가경쟁력평가에 따르면 우리나라는 63개 평가대상국 중 국가경쟁력은 27위이지만 과학 인프라 항목은 7위로 전년대비 1단계 상승하였고, 기술 인프라 항목 또한 14위로 전년대비 3단계 상승하였습니다. 현 정부의 과학기술혁신을 통한 국가경쟁력 끌어올리기 노력이 긍정적 결과로 이어졌다고 볼 수 있습니다. 2018년 우리나라의 총 연구개발비는 77,896백만 달러로 세계 5위 수준이며, **국내총생산**(GDP) 대비 연구개발비 비중은 0.24%p 상승한 4.53%로 세계 2위 수준입니다. 총 연구개발비 세계 1위는 미국(581,553백만 달러, 2018년)이며, 국내총생산(GDP) 대비 연구개발비 비중 세계 1위는 이스라엘(4.94%, 2018년)입니다. 사실 우리나라의 2018년도 국민총생산 대비 총 연구개발비는 크게 미흡하지 않으나, 인재들의 과학기술분야로의 흡수와 효율적 관리는 미흡하다고 하겠습니다.

국가 경쟁력과 과학 및 기술경쟁력은 강한 상관관계가 있으며, 국가 경쟁력을 강화를 위해 앞으로도 과학기술 경쟁력 향상에 주력해야 할 것입니다.

1.3. 과학기술 육성방안

수학 · 과학과 같은 기초과학을 대하는 우리의 자세에 어떤 변화가 있어야 하는가에 대해 몇 가지 제언하고자 합니다.

- **첫째, 국민들은 수학 · 과학에 대한 인식을 새롭게 갖읍시다.**

뿌리가 깊고 튼튼한 나무에서 좋은 열매가 맺히듯이 수학 과학의 기초학문은 나무의 뿌리와 같아서 즉각적 성과를 보여주지는 못하지만 훌륭한 첨단과학기술의 열매를 열리게 하는 근간입니다. 예를 들면 전자상거래와 금융결제시스템의 핵심인 암호 기술은 수학 그 자체이며, 증권거래나 보험 상품, 디지털 애니메이션의 경우도 수학 없이는 불가능합니다. 수학 · 과학의 무한한 잠재력을 제대로 평가하여 미래 창의적인 과학기술의 산실이 되도록 협력합시다.

• 둘째, 정부는 인재를 효율적으로 관리하는 고도의 체계적인 시스템을 만들어야 합니다.

세계적으로 고급두뇌확보전쟁이 불붙었습니다. 밖에서는 미국 일본 중국 등지에서 우리의 인재사냥에 나서고 있고, 안으로는 60-70년대의 의식주 어려움에서 벗어나 세계 12대 경제규모를 가졌는데도 법학 의학과 같은 특정분야에 고급 두뇌들이 몰립니다. 고급두뇌들이 수학 · 과학 분야에서 몸 바치는 방향전환에는 정부의 정책뿐만 아니라 전 국민의 협조가 있어야 가능합니다. STEM분야 우수 연구자에게 높은 연봉, 유연한 연구풍토, 공직진출 확대 및 명예가 주어진다면 고급 두뇌의 유입은 가능하다고 봅니다.

• 셋째, 교육부는 초중고대학생 수학 · 과학 실력을 향상시키는 정책을 세워야합니다.

학교교육과 입시는 현 방식에서 청소년들의 사고력과 창의력을 높이는 방향으로 전환되어야 합니다. 감사원 조사에 따르면 2002년부터 실시된 수요자 중심의 고교 7차 교육과정으로 전국 4년제 대학 이공계 입학생 가운데 약 30%가 과학이 아닌 사회과목을 선택하고 55%는 수리에서 미적분과 확률, 통계를 배우지 않은 것으로 나타났습니다. 이는 수학 · 과학 교육에 열을 올리는 미국 영국

프랑스 일본은 물론 중국 인도와도 정반대의 모습입니다. 수학 · 과학 교육은 정답이 나오는 과정을 논리적으로 추론하는데 초점을 맞추어야 하며 이렇게 배운 수학적 방법론은 다른 학문과 현상에서 복잡하고 어려운 문제의 해결력을 높이는데 이용될 것입니다.

우리 국민, 정부, 학교 모두가 힘을 합쳐 한국의 미래를 밝게 꽃피우기 위해 수학 · 과학 지원에 지속적인 관심을 갖읍시다.

과우회에서는 은퇴 과학자들이 **과학영재아카데미**를 운영하면서 초 · 중 · 고등 우수학생을 모집하여 주말로 교육하고 있습니다. 더욱 활성화 해야 할 것입니다.

고급두뇌의 해외 유출을 막고 우수인재들을 수학 · 과학 분야로 유입하여 경제대국의 밑거름으로 삼아야 합니다. 기초과학과 경제력이 비례하듯이, 수학 · 과학 분야가 튼튼하게 뿌리내릴 때 우리의 경제대국의 꿈은 크게 열매 맺을 것 입니다.

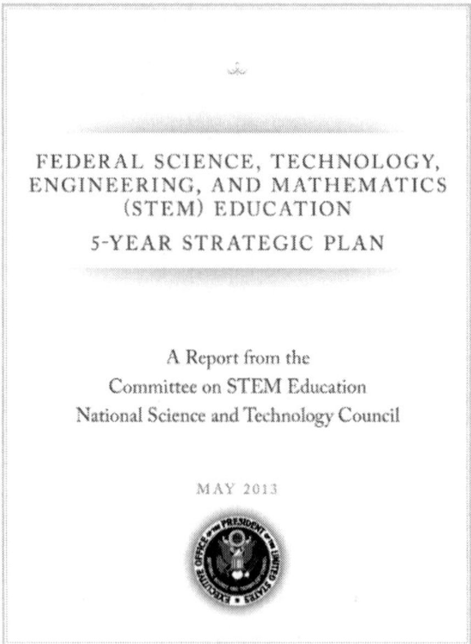
FEDERAL SCIENCE, TECHNOLOGY, ENGINEERING, AND MATHEMATICS (STEM) EDUCATION

5-YEAR STRATEGIC PLAN

A Report from the
Committee on STEM Education
National Science and Technology Council

MAY 2013

2013년 미국의 국가과학기술위원회 STEM교육위원회는 미국의 경쟁력 강화 방안의 일환으로 **STEM**(Science, Technology, Engineering and Mathematics) 교육 5개년 전략을 수립하여 미래 일자리 창출, 미국의 국제경쟁력 강화를 위한 K-12 교육 시스템 개선, 공정·통합사회 분위기 조성 측면에서 STEM 교육의 중요성을 인식하고 전략적 추진과제를 제시하였습니다. 구체적으로 STEM 분야 5개 부문에 대한 투자 우선순위를 설정하였는데, 1. 2020년까지 100,000명의 우수한 K-12 교사를 채용하고 교육훈련 지원; 2. STEM 분야의 청소년 및 공공 참여 확대하여 고등학교 졸업 이전까지 STEM 분야 교육 참여 비중을 50%로 확대; 3. 대학학부생의 STEM 교육을 강화하여 향후 10년간 STEM 분야 학위 취득자를 1백만 명 신규 배출; 4. 소수민족 및 여성의 STEM 교육 기회 확대; 5. 미래 STEM 인력을 위한 대학원 교육 프로그램 추진하여 기초 및 응용 연구 분야, 국가차원의 전략적 추진 분야, 폭넓은 경력 개발 분야 대상으로 한다.

Chapter 02

국가 경쟁력과 수학

수학은 황금알을 낳는 거위입니다.

수학이 황금알을 낳는 거위라는 말에 의아함을 갖는 사람도 있을 것입니다. 가장 적은 비용의 투자로 국가의 부를 창출하는 데 일등 공신이 된다면 수학이 분명 황금알을 낳는 거위라 할 수 있지 않겠습니까?

2.1. 선진국의 수학연구소

수학에 대한 투자는 사람에 대한 투자이며 기초과학에 대한 투자입니다. 미국의 경우 매년 1000여명의 수학박사학위를 배출하며 수리과학분야에 100% 취직시켜 잘 활용하고 있습니다. 우리나라는 수학분야에서 해마다 국내외에서 100여명의 우수한 박사가 배출되고 있으나, 그중 취직률은 50%(비정규직 포함)에도 미치지 못합니다.

우리나라 기초과학 분야는 1970년대 초까지만 해도 거의 황무지나 다름없었습니다. 그러던 것이 2018년도에 이르러 한국 과학자의 SCI 연구논문 발표 건수가 63,311편으로 늘어 세계 12위를 기록했으니 괄목하게 성장하였습니다. 우리나라 과학자들이 과거 30여 년 동안 외국에 가서 피나는 노력으로 학위를 하고, 돌아와서는 후진양성에 전념하는 것은 국가의 지원책에 힘입은 결과라고 할 것입니다. 한 국가의 경제수준과 기초과학 수준은 거의 비례한다는 말이 있는데 거의 맞아 떨어집니다. 우리나라는 경제대국에의 욕구와 비례하여 기초과학의 육성도 동반하여야 한다고 믿습니다.

선진국에는 이미 국립수학연구소가 2차 세계대전 이전부터 설립되었습니다. 미국은 1930년 프린스턴에서 폰노이만, 오펜하이머, 아인슈타인 등이 연구한 **고등과학연구소**(IAS)와 미네소타에 소재한 응용수학연구소(IMA) 등 10여개의 국립수리과학연구소를 설립하여 활발히 운영하고 있습니다. 독일에는 1940년 오베르볼팍 수학연구소, 막스프랑크 수학연구소가 있으며, 영국에는 옥스퍼드 수학연구소, 케임브리지의 **뉴턴수리과학연구소**가 유명합니다. 프랑스는 1958년 IHES, 일본은 1964년에 RIMS, 그리고 중국은 1952년에 연구소를 설립하여 운영하고 있습니다. 수학의 국가별 선진화 지수가 현재 세계 선진국가들의 순위와 비례하는 것을 보면 수학을 잘하는 나라가 선진국이라는 말이 크게 잘못된 것은 아님을 알 수 있습니다.

BRICs의 네 국가인, 브라질(Brazil), 러시아(Russia), 인도(India), 중국(China)이 21세기 전반에 G7국가들을 제치고 세계 최대의 경제 동력이 될 것이라 합니다. 네 국가 모두 수학강국들입니다. 세계수학올림피아드에서 최상위권 국가임은 물론이고 수학의 전문인력이 우리와 비교가 안 되게 많습니다.

2009년 미국 월스트리트저널지에 발표된 직업선호도에서 수학자가 "**베스트직업 1위**"에 올랐습니다.

2018년 기준 한국의 교역규모를 보면 수출액은 세계 6위이고 수입액은 9위, 2016년 인구 100명당 초고속인터넷 가입자 수가 세계 1위이며, 기술경쟁력은 세계 22위라는 통계에 안주해서는 안 됩니다. 정보화 분야에서는 세계 선두주자이지만, 기술 자부심을 나타내는 세계 일등 상품 수에서는 자꾸 뒤처지고 있습니다.

수학은 모든 학문에 내재해 있고 특히 산업분야에는 더욱 중요한 역할을 합니다. 예를 들면, 항공우주와 방위에서 유체적재, 마찰용접, 해양탐사에서 빛의 추적 분야, 자동차에서 에어백, 조립시스템, 엔진블록 모델링, 선 루프 분야, 은행, 보험, 금융상품 분야, 화학에서 여과기의 역세척, 스크린의 미세구멍, 가압 용기모델, 전자 및 컴퓨터 하드웨어, MRI 등 각종 의료기구, IT 및 소프트웨어, TV-영상변환, 제지 및 임업, 이동통신, 직물, 교통 등 각종 **첨단산업**에서 수리과학이 관련되지 않는 곳이 없습니다.

뿌리가 깊고 튼튼한 나무에서 좋은 열매가 열리듯이 수학으로 대표되는 기초과학이 튼튼해야 첨단과학이라는 훌륭한 열매를 잘

수확할 수 있습니다.

2.2. 국가수리과학연구소의 태동

조용승 교수는 2003년, 2004년 대한수학회 회장 재임시 각고의 노력으로 대학과 산업연구소들 간의 교량역할을 하고 국가산업과학기술 발전을 목표로 하는 **국가수리과학연구소**(NIMS, National Institute for Mathematical Sciences)를 설립하여 초대 소장을 역임하였습니다.

일본보다는 40년 늦게 그리고 미국보다는 70여년 뒤늦게 설립되었지만 최초로 힘찬 발걸음을 내딛은 국가수리과학연구소에 대해 국민 모두의 관심과 애정이 있을 때, 대한민국은 다시 뛸 든든한 기초체력을 갖게 될 것입니다.

2006년 3월 10일(금) 국가수리과학연구소(수리연) 개소식 및 조용승 초대 소장 취임식이 열렸습니다. 첨단 수리과학의 핵심적인 연구 수행을 국가 전략적 차원에서 추진하기 위해 설립된 수리연 행사에 당시 김우식 부총리 겸 과학기술부 장관(좌로 네 번째), 조용승 초대 소장(좌로 세 번째), 박상대 기초기술연구회 이사장, 권선택 국회의원, 강신원 원장, 민경찬 대한수학회 회장이 행사 후 현판 앞에서 기념 촬영하고 있습니다. 최초의 국가 수학연구소인 국가수리과학연구소의 설립과 개소로 인하여 국가차원에서 수학의 과학기술 적용 및 산업적 활용을 장기적으로 계획하여 수학자들을 배출함으로써 우리나라의 수학적 국가경쟁력 향상에 크게 기여하고 있습니다.

Chapter 03

오늘날 국가 경쟁력의 핵심은 수학

3.1. 국가차원에서 수학중시

우리는 미국 44대 대통령인 버락 오바마 대통령이 한국의 좋은 교육시스템과 인터넷 환경 등에 대해 그의 연설에서 자주 언급했음을 익히 알고 있습니다. 오바마 대통령은 교육에 관심이 많은 미국 대통령으로 여러 번 한국의 교육에 대하여 언급하며, 미국 학생과 특히 학부모는 한국에서의 교육에 대한 열성과 투자를 본받아야 한다고 누누이 강조한 바 있습니다.

미국은 초중고 학생들의 수학 실력이 다른 선진국에 비해 뒤떨어진다는 사실을 인지하고 있고, 개선하려는 노력을 하고 있지만 쉽게 해결되고 있지 않아서 교육당국은 고민 중에 있습니다. 특히 2011년 2월 19일 주례연설에서 미국이 지속적인 글로벌 리더로서 경쟁력을 유지하기 위해서는 교육에서의 경쟁력, 특히 수학과 과학

교육에서의 경쟁력이 가장 중요하다고 역설하며 "민간 분야가 수학 · 과학 교육 증진에 역할을 하기를 원한다"라고 말했습니다.

2011년 2월 19일 버락 오바마 대통령은 "To Win the Future, America Must Win the Global Competition in Education (미래의 경쟁력 제고를 위해 미국은 교육에서의 글로벌 경쟁에서 이겨야 한다)"의 제목으로 주례 연설을 하면서 수학과 과학교육의 중요성을 강조하였습니다.

• 1960년대 초 구 소련이 세계 최초로 우주선을 발사해 미국이 발칵 뒤집힌 적이 있습니다. 소련에 비해 경제력뿐 아니라 과학과 공학이 훨씬 앞서 있다고 자부하고 있던 미국으로선 소련의 우주선 발사 성공은 청천벽력이 아닐 수 없었습니다. 미국이 초비상 끝에 찾아낸 원인은 다름 아닌 '**수학**'이었습니다.

수학 실력이 부족하여 인공위성 발사가 뒤졌다는 결론이었습니다. 그리고 이것은 사실입니다. 미국은 이런 반성을 통해 중 · 고등학교 수학교육에 박차를 가했고, 지금도 수학교육에는 투자를 아끼지 않습니다. 위 연설에서 오바마 당시 대통령은 인텔이 10만 명의 수학 · 과학 교사 연수지원을 해준점에 대해서도 크게 감사를 표합니다. 이에 비해 우리나라는 어떤가요? 미국에서의 이런 수학 열풍과 달리 우리 수학은 오히려 존폐 기로에 내몰리고 있습니다.

• 우리나라에서 초 · 중 · 고교까지는 과외를 시킬 정도로 중시하는 수학이 대학에 가서는 완전히 경시 풍토가 갈수록 심화되고 있습니다. 일부 대학은 수학과를 아예 없애고 전산관련 학과에 통 · 폐합하여 '컴퓨터응용수학과' 혹은 '전산수학과'로 학과명을 변경하

거나, '수리정보통계학부' 혹은 '수리정보전공'으로 변경하였습니다. 수학과목은 정보나 전산과목으로 대체되고 기초학문으로서의 수학과의 고유한 영역과 학문으로서의 역할이 위협을 당하고 있습니다. 또한 대학에 근무하는 수학과 교수는 신분보장이나 연구비 지원에서도 연구결과가 금세 나오는 타 학과에 비하여 불이익을 당하는 것은 비일비재합니다. 수학이 당장 손에 잡히는 실익을 가져다주지 않는다고 소홀하게 취급하는 것입니다. 여기에다 학부제로 인한 학생들의 이탈, 정부의 각종 연구비 지원 감소, 순수 기초과학 경시 풍조 등이 이런 추세를 더욱 부추기고 있습니다.

2018.9.27-여학생 수학경시대회는 수학의 성별 격차를 줄이는 데 도움이 됩니다. 미국 매사추세츠공과대학(MIT)은 10 번째 연례 수학경시대회를 개최하여 중학생 및 고등학생을 위한 STEM 경력을 장려합니다. 어드벤티지 테스팅(Advantage Testing)의 창립자이자 회장인 아룬 알라가판(Arun Alagappan)은 여학생이나 남학생 모두 본인들의 학업 및 전문적 잠재력을 최대한으로 발휘할 수 있도록 수학과 과학의 성별 격차를 해소하는 것이 정말 필수적이라고 강조합니다(MIT사이트 참조)

특히 수학을 학문으로 중요시 않고 시험과목의 하나로 취급하려는 경향은 위험천만한 발상이 아닐 수 없습니다. 건강하고 굳건한 기초과학의 토대를 위협할 수 있기 때문입니다.

3.2. 로체스터 대학교의 일례

수년 전 미국의 명문 로체스터대에서 있었던 일은 우리에게 좋은 귀감입니다. 이 대학은 학교 쇄신책으로 수학과의 규모를 대폭 축소키로 했습니다. 그러나 이 소식을 전해들은 미국 전역은 물론 세계 각국 수학자들의 엄청난 저항에 직면했습니다.

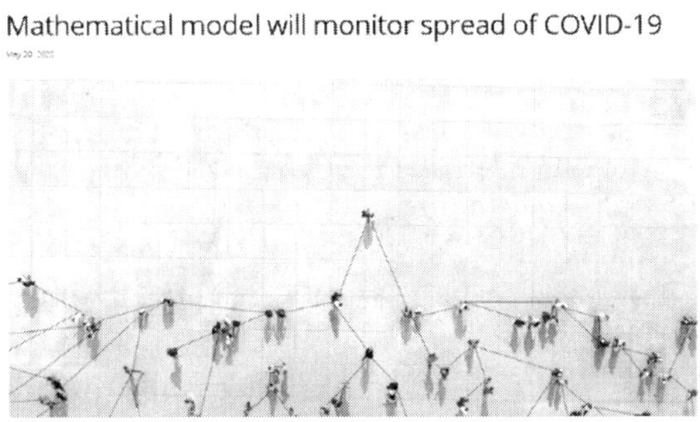

미국 로체스터대학교 수학과는 "수학적 모델은 COVID-19의 확산을 모니터링 합니다" 라며 최근 확산되고 있는 코로나바이러스 연구를 소개하고 있습니다. 물리, 수학 및 컴퓨터과학 부교수인 쿠랍교샬(Gourab Ghoshal)과 화학공학 부교수 앤드류 화이트(Andrew White)는 미국 국립과학재단(National Science Foundation) 보조금을 받아 역학 및 분자 시뮬레이션 모델링 연구에 대한 전문 지식을 결합하는 이미지를 게재하였습니다(게티 이미지 사진). 로체스터 대학의 연구원들은 대유행 및 검역소를 둘러싼 가장 큰 질문 중 하나에 답하기 위해 수학적 모델링에 대한 전문 지식을 활용하고 있습니다(로체스토대학교 홈페이지 참조).

노벨 물리학상 수상자인 **노먼 램시** 박사는 "**농담마십시요. 한 대학에서 과학 계통에 단 한 학과만 남겨야 한다면 당연히 수학과지요. 거기서부터 다른 과학 과목들이 뻗어나갈 수 있기 때문이지요.**"라며 비난조로 말했습니다.

하버드대 물리학과 교수 31명과 화학과 전체 교수들도 "수학과 과학기술간의 긴밀한 관계도 모르는 몰상식한 처사"라며 로체스터 대학의 결정을 몰아세웠습니다. 미국 각 대학과 연구단체는 물론 세계 각국의 과학자 집단이 로체스터에 보내는 빗발치는 항의에, 대학 당국은 결국 그 계획을 철회하고 말았습니다.

대부분의 선진국에서는 이처럼 수학이라는 학문이 수학 자체뿐만 아니라 모든 기초과학의 원천이고 근본임을 인식해 지원과 육성을 아끼지 않고 있습니다. 우리는 수학을 경시하는 풍토가 갈수록 만연해 과학기술의 미래를 더욱 어둡게 만들고 있습니다. 이는 결국 수학자들의 전반적인 사기저하로 연구풍토를 피폐하게 만들고 우리나라 기초과학의 토양을 약화시키는 결과로 귀결될 것입니다.

국내에서 수학에 종사하는 학자는 대략 1천명 정도로 선진 G7 국가들의 절반 수준에도 못 미칩니다. 선진국 수준의 연구가 이뤄지려면 우리나라 인구 수준에는 적어도 2천명의 수학 인력이 필요한 실정입니다. 그런데 설상가상으로 정부의 지원마저 감소하고 수학의 중요성에 대한 인식마저 약화된다면 우리나라의 과학기술 발전과 직결된 기초과학의 미래는 암담할 수 밖에 없습니다.

21세기라는 지식기반사회를 앞두고 과학정책 결정자들의 진정한 바른 판단과 결정이 요구되는 시점입니다. 이런 식으로 수학이 무관심 속에 방치된다면 한국 기초과학의 미래는 돌이킬 수 없는 수렁에 빠질 수도 있다는 점을 경고합니다.

Chapter 04

국가안보 속의 수학

정교한 첨단 과학기술에는 수학이 필수입니다.

인간 삶의 목표는 행복입니다. 평화롭고 안전한 국가체제는 행복한 삶의 밑바탕이며, 국가안보는 군사적 · 비군사적 위협으로부터 국민의 생명과 재산을 보호하고 위협의 발생을 미연에 방지하는 것이 목적이지요. 과학기술은 국가안보를 받쳐주는 튼튼한 버팀목이며, 일례로 일본의 제국주의는 미국의 핵무기라는 과학기술에 의해 야욕의 불씨가 꺼져버렸습니다.

4.1. 미국의 국가안보

과학자로서 미국이 부러운 게 세 가지가 있습니다. 정권이 바뀌어도 과학기술 투자가 지속적으로 유지되는 것이 그 하나요, 과학기술 연구자들이 일자리 걱정할 필요가 없는 것이 그 둘째요, 연구의 중요성을 정부나 국민을 상대로 홍보하지 않아도 되는 여유가 그 셋째입니다.

과학기술 발전을 국가안보의 최첨병으로 생각하는 미국에는 국가안보를 다루는 **국립연구소**들이 많습니다. **에너지부**(Department of Energy)에만도 에임스연구소, 아르곤국립연구소, 로렌스버클리연구소, 로렌스리버모어국립연구소, 로스앨러모스국립연구소, 오크리지국립연구소, 브룩헤이븐국립연구소, 페르미국립연구소, 샌디아국립연구소 등 16곳 이상이나 됩니다.

샌디아국립연구소 홈페이지에 '국가 안보는 우리의 사업입니다. 우리는 과학을 적용하여 위협을 탐지, 격퇴, 패배 또는 완화합니다. 70 년 이상 Sandia는 국가의 가장 까다로운 보안 문제를 해결하기 위해 필수적인 과학 기술을 제공해 왔습니다.'라고 명시되어 있습니다(샌디아 홈페이지 참조).

그 중에서도 **샌디아국립연구소**(Sandia National Laboratory)는 아예 국가안보가 주요 미션이라며 그곳에선 제2차 세계대전 이후 6개 연구분야를 정해놓고 국가안보에 관한 연구를 계속해 왔습니다. 적시된 6개 분야는 핵무기의 안전과 확실한 핵억제 장치에 관한 연구, 충분한 양의 청정에너지원과 수자원 확보에 관한 연구, 대량살상무기 확산 방지와 위협을 줄이는 연구, 국방전력과 최상수준의 방어시스템 구축에 대한 연구, 첨단 과학기술을 이용하여 국민을 테러로부터 안전하게 보호할 방도를 찾는 연구, 그리고 과학기술과 공학의 첨단 연구와 발전에 관한 연구입니다.

샌디아국립연구소(Sandia National Laboratory)는 2019 회계연도에 14,200명에 달하는 인력과 한해 38억 달러(4,573조 원)이 넘는 국가예산으로 국가안보를 최상으로 유지하기 위해 불철주야 매진하였는데 대부분 예산은 미국 에너지부를 통해서 지원받았습니다.

2019년도 편성된 예산의 지출 분야를 보면 연구소의 주력핵심 분야를 파악할 수가 있는데 크게 다섯 분야로 집약됩니다(샌디아 홈페이지 참조).

공개된 예산지출내역을 살펴보면,

첫째, 핵무기 개발과 억제력 연구에 57.1% 예산이 지출되었으며 (22억 달러)
둘째, 글로벌 안보 유지 연구에 19.5% (7억 4천 달러)
셋째, 미국민 보호와 안보프로그램 연구에 13.7% (5억 2천 달러)
넷째, 에너지와 미 국토 국방 및 안보 연구에 7.3% (2억 8천 달러)
다섯째, 첨단 과학기술의 발전과 진보에 2.4% (9천만 달러)
라고 나옵니다.

샌디아는 지구 안전과 안보를 위협하는 여러 문제들에 즉각 대응하기 위한 연구 체계를 갖추고 있고, 국방과 안보 및 전술전략에서 미국이 세계 초강대국의 지위를 유지할 수 있도록 도움을 줍니다. 샌디아는 최초의 원자 폭탄을 개발하려는 미국의 제2차 세계대전 노력에서 자랐습니다. 오늘날, 미국의 핵 비축을 안전하며 효과적으로 유지하는 것은 샌디아가 여러 분야의 국가 안보 공학 연구소로서 수행하는 작업의 주요 부분입니다. 샌디아의 역할은 미국이 직면할 수 있는 추가적인 복잡한 위협을 해결하기 위해 발전하고 있습니다.

4.2. 프랑스의 국가안보

프랑스 역사에서도 비슷한 사례를 찾아볼 수 있습니다. 나폴레옹은 전쟁터에서 자신에게 군사관련 기술개발이나 조언을 할 자문 인력 공급을 위해 1794년 '**조국을 위해서 과학과 영광을**' 이라는 모토 아래 **에콜폴리테크닉**(Ecole Polytechnique)을 설립했습니다. 이집트 원정 당시 나폴레옹은 이곳 학생 40여명을 과학 · 군사 전략을 위한 고문으로 대동하였다고 합니다.

전쟁을 수행하는 최고사령관 옆에 늘 최고의 과학 인력이 등용되었다는 역사적 사실과 과학인력 양성기관이 오늘날 프랑스 이공계 최고 명문대학으로 자리 잡게 된 현실에서 안보와 과학기술의 밀접한 연관성을 엿볼 수 있습니다.

확고하고 철통같은 국가안보를 위해서는 국방력이 강해야 하고, 지속적으로 발생하는 타국과의 갈등을 예방할 힘이 있어야 합니다. 물론 굳건한 경제력도 갖춰야 합니다. 국방력 수호의 지킴이로서 과학적 역량을 재점검하여 우리나라 평화체제가 공고히 지속될 수 있도록 과감하게 투자할 필요가 있습니다. 국가안보와 자국민보호를 위해서 묵묵히 지속적으로 관련 분야의 연구개발과 투자에 게을리 하지 않은 점이 선진국을 오랫동안 지켜온 힘이 아닐까 싶습니다.

우리나라도 산학연합동연구에 대한 종합 대책도 꾸려야겠습니다. 나무의 뿌리에 해당하는 과학기술이 튼튼할 때 선박, 항공, 전자통신, 방위산업 같은 전략적 국가 안보산업이 알차게 열매 맺을 수 있습니다. 적극적인 예산지원으로 자주국방을 강화하고 평화적 국가체제를 수립하기를 희망합니다.

자주국방과 무기개발에 수학이 기여합니다. 1941년 나치 독일 침공으로 초토화된 소련 공군은 민간 항공기를 폭격기로 개조했지만 민항기 속도가 느려 폭탄을 목표물에 맞힐 수 없었습니다. 이 문제를 해결해준 게 수학자들이었습니다. 여기에 깊은 인상을 받은 스탈린은 전후 첨단무기 개발·연구에 수학자들을 대거 동원하면서 이들을 우대했지요. 안정된 직장과 급여, 아파트·차량·식료품을 제공하며 연구에만 몰두할 수 있도록 했습니다. 러시아 언론인 마사 게센은 최근 '완벽한 계산'이라는 책에서 "**수학은 스탈린이 숨겨둔 옛 소련의 최대 비밀무기였다**"고 했습니다.

Chapter 05

선진국 필요충분 조건인 수학

2019년은 우리나라 수출입 총 무역규모 1조 달러를 무난히 넘겼습니다. 수출액 5,430억 달러, 수입액 5,060억 달러로 세계 수출 7위로 무역수지는 370억弗이었습니다. 주요 수출액 규모 10위 국가는 중국–미국–독일–일본–네덜란드–프랑스–한국(7위)–이탈리아–홍콩–영국 순입니다.

5.1. 노동 생산성

우리는 선진국을 열망합니다. 하지만 의욕만으로는 불가능하고, 선진국이 되려면 그 열망을 꿈과 현실로 연결시키는 확실한 비전과 정책이 있어야 합니다. 역사의 수레바퀴를 이끄는 지도자는 도덕적이며 명확한 비전을 제시하고, 국민들은 지도자의 비전에 따라 힘차게 수레바퀴를 밀고 나가야 한다고 생각합니다.

그러나 잇따라 불거지는 사기 청탁 부패 사건 사고는 우리를 때때로 절망케 합니다. 진정한 선진국이 되기 위해선 선행되어야 할 조건이 있습니다. **도덕 재무장, 생산성 향상, 과학기술 발전**이 그것입니다.

• 먼저 도덕성을 봅시다. 이는 지도자와 국민 모두에게 요구되는 덕목입니다. 마하트마 **간디**(Mahatma Gandhi, 1869-1948)는 사회 파괴와 폭력을 부르는 일곱 가지 악덕으로 **"노동 없는 부, 양심 없는 쾌락, 인격 없는 지식, 윤리 없는 기업, 희생 없는 종교, 인간존엄이 무시된 과학, 그리고 신념 없는 정치**"을 꼽았습니다. 도덕적 신뢰는 유리거울 같아 한번 깨지면 원상회복이 어렵습니다. 따라서 인격이 형성되는 어린 시절부터 도덕교육이 가장 중요하다고 생각합니다.

• 생산성은 또 어떤가요? 2019년 발표한 **경제협력개발기구**(OECD)에 따르면 우리나라의 1인당 **노동생산성**은 OECD 36개 회원국 가운데 29위에 그쳤습니다. OECD는 '한국 정부가 해결해야 하는 가장 중요한 이슈는 노동생산성 문제다'라고 지적하였습니다. 한국의 노동생산성은 전체 1위인 아일랜드(시간당 노동생산성 88 달러)의 39%에 불과합니다. OECD 회원국 전체 노동생산성은 시간당 48.1 달러로 한국 34.3 달러보다 14 달러가량 높습니다. 노동생산성은 개인노동자가 시간당 창출하는 가치로서 성, 연령, 학력, 기술수준 및 시스템에 영향을 받습니다. 노동자의 평균작업 숙련도, 자본의 양, 과학기술의 적용 수준, 생산수단의 규모와 작업능력 등에 의해 결정되기 때문에 기업의 발전과 국가경제 전체의 성장 가능성을 측정하는 중요한 지표입니다.

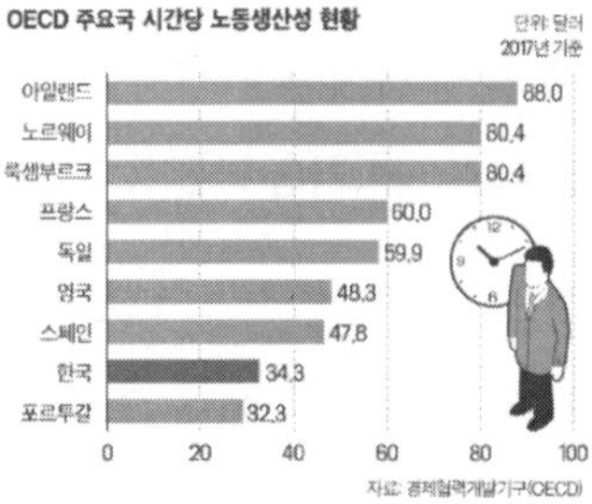

韓 노동생산성 OECD 28위, 시간당 39달러 생산

순위	국가	근로자 1인당 생산한 부가가치 (2015년 불변가격 기준, 달러)
1	아일랜드	99.7
7	미국	70.8
12	독일	66.4
15	영국	58.4
20	일본	45.9
25	이스라엘	41.2
28	**한국**	**39.6**
33	그리스	36.4
36	멕시코	20.7

자료: 경제협력개발기구(OECD), 2018년 말 기준

OECD 세계 주요국 노동생산성 현황-2017년도 2018년도 기준

• 2020년 블룸버그뉴스가 발표한 국가별 혁신지수에서 한국의 생산성은 105개국 가운데 29위로 밀렸습니다. 지난해에는 18위였는데 1년새 11계단 떨어진 것입니다. 경제협력개발기구(OECD)는 '2019년 경제전망'에서 한국 정부에 생산성 향상 정책을 최우선 과제로 권고한 것은 고령화와 주 52시간제로 일할 사람이 줄어든 상황에서 최저임금도 급상승하는 현재의 생산성으로는 경제를 성장시키기 힘들다고 봤기 때문입니다. OECD는 보고서에서 "한국 노동생산성은 OECD 상위 50% 국가 노동생산성의 절반 수준"이라고 지적했습니다.

생산성 향상은 종합적 요인에 의해 이뤄지지만 그 중 핵심요인 네 가지는 교육, 훈련, 축적된 경험, 그리고 효율적인 기계보유입니다. 기술혁신, 효율적 조직개편, 세계화 추진, 고령화 극복도 관건입니다. 우리의 저출산 · 고령화는 세계에 유래가 없을 정도로 빠르게 진행되고 있습니다. 이런 문제를 해결하기 위하여 사회전반의 과학기술 시스템을 혁신해야 합니다.

5.2. 국가경제력(National Competitiveness)

다음은 국가의 과학기술발전이 견인차 역할을 합니다. 미국 의회 산하 회계감사원(GAO)은 해마다 과학 · 기술 · 공학 · 수학분야(STEM)의 연방정부 지원 프로그램, 학위 취득 및 취업 현황을 조사 분석하여 국가과학기술정책의 지표로 삼습니다. 이 분야의 지속적인 지원과 성장이 경제성장의 원동력이기 때문입니다.

스위스 국제경영개발원(IMD)의 2020년 국가경쟁력평가에 따르면 우리나라는 63개 평가대상국 중 23위를 기록했습니다. 현정부에서 과학기술혁신을 통해 **국가경쟁력**(National Competitiveness)을 끌어올리기 위해 부단히 노력한 결과입니다. '경제성과' 분야에서 27위로 작년 수준을 유지했고,'정부 효율성' 분야에서는 28위로 작년보다 3계단 올랐으며, 다만 재정(24→27위)과 조세정책(18→19위) 등에서는 순위가 하락했습니다. 특히 올해 빠르게 악화된 재정수지(3→13위), 정부부채 증가율(40→54위)등이 순위 하락을 이끌었습니다. 그리고 '인프라' 분야에서는 과학 인프라(3→3위)를 제외한 모든 부문 경쟁력이 호평을 받으면서 작년(20위)보다 4계단 오른 16위를 기록했습니다.

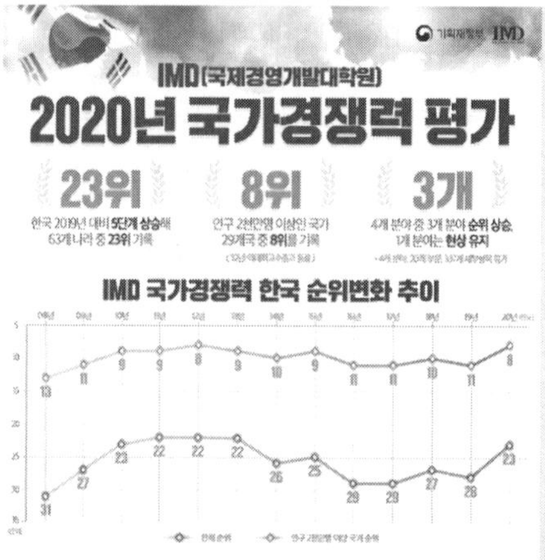

IMD(국제경영개발연구원) **국가경쟁력**
한국 순위 추이 (단위: 위) 자료: 기획재정부
2020년 평가대상 63개국 기준

순위	변동	국가	순위	변동	국가
1	-	싱가폴	16	▲3	오스트리아
2	▲6	덴마크	17	-	독일
3	▲1	스위스	18		호주
4	▲2	네덜란드	19	▲4	영국
5	▼3	홍콩	20	▼6	중국
6	▲3	스웨덴	21	▼1	아이슬란드
7	▲4	노르웨이	22	▼1	뉴질랜드
8	▲5	캐나다	23	▲5	**한국**
9	▼4	아랍에미레이트	24	▲2	사우디아라비아
10	▼7	미국	25	▲2	벨기에
11	▲5	대만	26	▼2	이스라엘
12	▼5	아일랜드	27	▼5	말레이시아
13	▲2	핀란드	28	▲7	에스토니아
14	▼4	카타르	29	▼4	타일랜드
15	▼3	룩셈브르크	30	▲11	사이프러스

기획재정부는 2020년 IMD 국가경쟁력 평가에서 우리나라가 63개국 중 23위를 기록했다고 6월16일 밝혔습니다. 인구 2000만명 이상 국가기준으로는 29개국 중 8위로, 2012년에 기록한 역대 최고 순위와 같으며, 30-50 클럽(국민소득 3만달러·인구 5000만명 이상 국가)인 7개국 중에서는 4위를 유지하며 프랑스(32위), 일본(34위), 이탈리아 (44위)를 앞질렀습니다.

• 국가 경쟁력은 경제력이 핵심이고, 경제력은 과학기술력에서 나옵니다. 2019년도 우리나라 총 **GDP**(Gross Domestic Product) 규모는 세계 12위였고 **과학기술논문**(SCI, Science Citation Index) 발표 수도 세계 12위였습니다. 결국 개개인의 삶의 질이 향상되고 대한민국이 국제사회에서 보다 큰 자유를 누릴 수 있는 길은 과학기술발전을 통한 선진국으로의 도약입니다.

	국가	GDP ($T)	성장률 (%)	1인당 GDP $	인구
1	미국	21.4	2.35	65,112	3.3억
2	중국	14.1	6.14	10,099	14억
3	일본	5.15	0.89	40,847	1.2억
4	독일	3.86	0.54	46,564	8300만
5	인도	2.93	6.12	2,172	13억
6	영국	2.74	1.24	41,030	6600만
7	프랑스	2.70	1.25	41,761	6500만
8	이탈리아	1.99	0.01	32,947	6000만
9	브라질	1.85	0.88	8,797	2.1억
10	캐나다	1.73	1.55	46,213	3700만
11	러시아	1.64	1.08	11,613	1.4억
12	한국	1.63	1.95	31,431	5200만
13	스페인	1.40	2.18	29,961	4700만
14	호주	1.37	1.71	53,825	2500만
15	멕시코	1.27	0.40	10,118	1.2억

2019년 명목 GDP 국가별 순위입니다. 약 $1Trillion=W1,200조 입니다. 한국은 12위로 3위인 일본 GDP의 1/3정도입니다.

(좌로부터)미 테슬라의 최고경영자 일론 머스크가 운영하는 **스페이스 X**에서 자신의 우주선이 우주 비행사들을 궤도에 올리는 것을 보면서 환호하고 있으며, '크루 드래건' 우주선에서 화상 전화로 연결된 NASA우주비행사 더그 헐리와 밥 벤켄입니다. 민간 기업 스페이스X가 2020년 5월 30일(현지 시간)최초로 민간 유인우주선을 쏘아 올리고 지구로 돌아오는데 성공하였습니다. 이번 발사는 플로리다주 케이프 커내버럴의 케네디 우주센터에서 이뤄졌습니다. 미국 땅에서 유인 우주선이 발사된 것은 9년 만이며 지금까지 우주선을 달 표면에 착륙시킨 국가는 옛 소련, 미국, 중국 세 나라에 불과합니다(BBC 뉴스 참조).

• 1957년 구소련이 세계 최초의 인공위성 **'스푸트니크 1호'**를 발사하자 미국은 충격에 휩싸였습니다. 당시 사람들은 미국이 최초의 인공위성을 쏠 것이라고 확신할 정도로 미국은 세계 최고의 우주과학기술을 자랑했었습니다. 이를 계기로 미국은 수학을 비롯한 기초과학에 온 힘을 쏟아 우주전쟁에서 다시 기선을 제압했습니다. 1969년 7월 20일, 우주비행사 닐 암스트롱(Neil Armstrong)이 **아폴로 11호**(Apollo 11)에서 내려 달 표면에 첫발을 내디뎠습니다. 인류가

달을 정복한 역사적인 날입니다. 미국의 달 탐사 프로젝트인 '**아폴로 계획**'은 미국인들에게 긍지와 자존심과도 같습니다.

• 달 탐사를 통해서 가져온 표본을 광범위하게 조사한 결과 달에는 과거에도 현재에도 생명의 흔적이 없고 무생물 유기화합물조차 없었고, 2009년에는 미국 엘크로스(LCROSS) 위성이 달의 남극 분화구에 부딪히는 방식으로 처음으로 물의 존재를 확인했습니다. 달에서 가져온 암석을 통해 달에는 **희토류**(rare earth metals), 헬륨3(helium-3) 등 희귀광물 자원이 풍부하다는 사실도 알아냈고, 사실 과학자들이 달에 관심을 갖는 가장 큰 이유는 지구에 거의 없는 희귀 자원의 확보입니다. 특히 헬륨3은 핵융합 반응의 원료가 되는 물질이지만 방사능이 전혀 발생하지 않습니다. 따라서 달 표면에 널린 헬륨3은 지구의 화석연료를 대체할 진정으로 안전한 청정에너지입니다. 달 탐사를 통해 알아낸 이러한 발견들은 정말 대단한 업적이 아닐 수 없습니다.

5.3. 국가수리과학연구소의 비전

한국 경제를 이끌고 있는 정보통신산업의 기반도 바로 수학입니다. 수학이 없다면 정보통신산업은 모래성에 비유할 수 있습니다. 이렇듯 수학은 모든 경제 활동의 기반일 뿐만 아니라 생활 전반과 깊이 관련되어 있는 학문입니다. 첨단산업의 공통분모는 수학이라고 말할 수 있습니다.

이런 가운데 국내 수학계의 숙원인 '**국가수리과학연구소**(NIMS, National Institute for Mathematical Sciences)'가 2005년 10월 출범했습

니다. 국가수리과학연구소는 정부출연연구소 중 수학을 전문으로 연구하는 기관으로는 국내 최초로 설립됐습니다. 이미 일본은 지난 1964년 국가수리과학연구소를 출범시켰고 미국은 11개의 국가수리과학연구소를 운영하고 있으니 선진국에 비하면 늦은 감이 없지 않지만 우리나라에도 국책 수리과학 연구소가 설립되어 기반수학 뿐만 아니라 학제 간 연구와 산업에서 발생하는 문제해결 연구를 통해, 우리나라 과학기술과 경제발전에 기여할 수 있음은 다행입니다.

국가수리과학연구소의 가장 큰 임무는 기초와 산업 간의 가교 역할과 수리과학의 중요성을 전파하여 국민생활을 과학화하고 수학화 하는 것입니다. 연구소는 상아탑의 세계에서 학문 연구로 머물던 수학을 한 차원 높여 첨단산업에 기여할 수 있는 초석이 되고자 합니다.

대한민국이 선진국으로 비상하는 기로에 서 있습니다. 지도자로부터 국민에 이르기까지 도덕으로 재무장한 사회에서 생산성 향상이라는 과제를 과학기술의 힘과 잠재력을 극대화하는 시스템을 구축하면 선진강대국의 꿈을 반드시 이루어질 것입니다.

국가수리과학연구소 비전성취의 일환으로 초대 소장 조용승(2005-2008)은 연구소 확장과 기반을 조성하고자 국 · 내외 대학과 연구소들과 MOU(양해각서)를 체결하였습니다.

국가수리과학연구소는 2005년 초대 조용승 소장을 주축으로 출범 즉시 충남대, 고려대 등 국내 기관을 비롯하여 세계적으로 유명한 해외 수학연구소들과 양해각서(Memorandum of Understanding, MOU)를 체결하는 등 기반수학뿐만 아니라 학제간 연구와 산업에서 일어나는 문제해결과 연구를 촉진하여 기초과학 산업기술 발전을 도모함으로써 우리나라 과학기술과 경제발전에 기여함을 목표로 정진하고 있습니다. 사진은 2007년 3월 22일 조용승 국가수리과학연구소 소장과 양현수 충남대 총장 이하 양 기관 관계자들이 참석한 가운데 학-관 상호 발전을 위한 학술교류 협정식을 가졌습니다(중도일보 사진).

Chapter 06

게임이론 (Game Theory) 속의 수학

6.1. 치킨게임(Game of Chicken)

"**치킨게임**(game of chicken)"이란 게임이 있습니다. 50년대 미국 갱들 간에 유행하던 것으로 좁은 도로 양쪽에서 두 명의 경쟁자가 자동차를 몰고 정면으로 돌진하다가 충돌 직전 핸들을 꺾는 자가 겁쟁이 치킨이 되는 게임입니다. 오늘날 어느 한 쪽의 양보 없이 극단적으로 치닫다가 승자를 가리는 게임으로 70년대 미 · 소 간 극심한 군비경쟁 같은 것입니다. 치킨게임은 **게임이론**(game theory) 중의 하나이며, 게임이론은 경제학, 생물학, 정치학, 컴퓨터공학, 철학에서 활용되는 응용수학(applied mathematics)의 한 분야입니다. 상대방의 전략을 예상하고 나의 선택을 결정하는 모든 상황을 수학적으로 게임이라 하며 최적의 전략을 수학적으로 분석하는 방법을 게임이론이라 합니다.

만약 치킨게임 시작 직전에 자동차 핸들을 꺾지 못하도록 두 손을 묶어버리는 "자기 손묶기 전략"을 상대에게 흘린다면 상대의 선택의 폭은 네 가지에서 두 가지로 좁혀집니다. 전략은 계획과는 구별됩니다. 계획은 자기가 어떠한 일을 어떻게 하겠다는 것을 정하는 것인데 반해, 전략은 경쟁자와 대항하여 승리하기 위하여 우리가 어떻게 해야 하는지에 대한 행동을 선택하는 것입니다. 게임이론에서는 경쟁자가 취할 행동을 계산하여 자신의 이익을 최대로 할 전략적 행동을 결정하는 방법을 수학적으로 찾는 것입니다.

두 사람 A,B가 각각 자동차를 타고 서로에게 돌진합니다. 이때 누군가가 핸들을 돌려 피하지 않으면 양쪽 모두 죽게 되지만, 누군가가 피한다면 먼저 피하는 사람이 겁쟁이(chicken)가 되어 결국 게임에서 지게 됩니다. 개체 A, B가 경쟁할 때 A가 선택하는 전략에 의해 그 개체의 성공률이 전적으로 결정되는 것이 아니라 상대방 개체B가 어떠한 전략을 선택하느냐에 따라 서로의 성공률이 결정된다는 게임이론에 바탕을 두고 있습니다(위키미디어 참조).

게임의 목표는 이기는 것이고, 적과 나를 알고 전략을 세우는 것이 게임의 기본입니다. 따라서 요즈음 웬만한 기업들은 게임이론을 토대로 경영전략을 수립하고, 주요 경영대학원과 경제학과에서도 게임이론을 핵심 교과목으로 가르치고 있습니다.

6.2. 수학적 모델링

게임이론의 시초는 천재 수학자 **폰 노이만**(John von Neumann)과 경제학자 모르겐슈테른(Oskar Morgenstern)으로 그의 이론이 2차대전시 군사적 의사 결정에 활용되면서 발전했다가 최근에는 경제와 정치 현상을 이해하는 도구로 널리 각광 받습니다. "뷰티플 마인드(A Beautiful Mind)"로 알려진 **존 내쉬**(John F. Nash)도 게임이론으로 94년 노벨경제학상을 받았고, 이후 **아우만**(Robert Aumann)과 **셸링**(Thomas Schelling)은 '**협조적 게임 이론**(cooperative game)'으로 2005년 노벨경제학상을 받았습니다.

• 게임이론에는 많은 수학적 모델링이 있지만 그 중 하나가 **제로섬게임**(zero-sum game)과 **넌제로섬게임**(non-zero-sum game)입니다. 제로섬게임은 두 경쟁자중 하나가 이기면 다른 하나는 필연적으로 지는 이익의 합이 제로인 게임입니다. 이런 게임에서는 나의 이익보다는 상대방의 손해에 전략을 맞추는 것이 유리합니다. 조선시대 임상옥이 가격 담합을 한 중국 상인들을 응대하여 그들이 보는 앞에서 인삼을 불에 태우기 시작한 뒤 남은 인삼을 더 비싼 가격에 팔아 큰 이익을 보았다는 이야기도 제로섬게임입니다.

상대적으로 넌제로섬게임은 남과의 경쟁에서 손해를 끼쳐 이득을 보겠다는 생각보다는 상대 경쟁 주체와 경쟁관계지만 협력하여 더 큰 이익을 창출하는 **윈-윈 게임**(win-win game)방식입니다. 냉혹하지만 '영원한 친구도 영원한 적도 없으며, 이익창출만 있을 뿐이다'로 인식되는 비즈니스세계에서 전략적 제휴가 넌제로섬게임의 경쟁전략으로 간혹 이용됩니다.

죄수의 딜레마

		죄수 A	
		침묵	자백
죄수 B	침묵	A: 1년 B: 1년	A: 석방 B: 20년
	자백	A: 20년 B: 석방	A: 5 년 B: 5년

죄수의 딜레마는 게임이론에 나오는 예시로, 각자 자신의 이익을 위해 최선의 방법을 선택하더라도, 서로 협력하지 않는 상황에서는 모두에게 이익은 커녕 자신에게도 불리한 결과가 발생하는 상황을 일컫는 것입니다. 우리가 사는 세상이나 자연에서 실제로 이런 상황을 가정해볼까요? 두 기업 A, B가 판촉경쟁이 붙어서 A기업이 광고를 확대하면 이 기업은 더 많은 고객을 확보할 수 있으나 광고를 하지 않은 경쟁사인 B기업은 고객이 줄어들 것이므로 A기업에 맞서 대대적으로 광고를 할 것입니다. 결국 두 기업 모두 과대광고를 함으로써 이윤은 커녕 오히려 손실을 보는 상황을 맞을 수 있습니다. 서로 협력하여 절충선을 잡아야겠지요. 그 외에도 우리는 경쟁적 군비 확충, 환경오염물질 방출, 자원 남획 등의 경우에서 죄수의 딜레마 상황을 관찰할 수 있습니다. 따라서 시장실패를 두려워하는 정부는 협력하는 측에 인센티브를 부여하거나, 협력하지 않는 측에 페널티를 부과하는 등의 방법으로 경제주체들 간에 장기 협력적 관계를 유도하기도 하고 동종산업의 담합이 있을 시 자진 신고하는 기업에 과징금을 감면해 주는 이른바 '리니언시(leniency)' 제도를 사용해 죄수의 딜레마 상황으로 몰고가 불공정담합이 깨지도록 유도하기도 합니다(조선비즈이미지 참조).

• 게임이론의 또 다른 모델링에 **비협조적 게임**(non-cooperative game)과 **협조적 게임**(cooperative game)이 있습니다. '**죄수의 딜레마**(prisoner's dilemma)'는 비협조적 게임이론의 한 예입니다. 두 공범 A, B가 살인죄로 기소되었습니다. 그러나 그 살인죄를 증빙할 증거가 불충분한 검사는 두 공범을 각각 다른 방에 가두고 서로 대화할 기회를 주지 않은 채 취조하면서 다음 조건을 제시합니다. 둘 다 자백하지 않으면 증거 불충분으로 둘 다 1년 징역, 둘 다 자백하면 살인죄로 둘 다 5년 징역, 그러나 한 사람은 자백하고 한 사람은 자백하지 않으면 자백한 사람은 형 면제하고 자백 안 한 사람은 20년 징역에 처한다고 했을 때 어떤 상황이 벌어질까요? 결과는 비협조적 게임이론상 최악의 상황(20년 징역)에 대한 두려움 때문에 둘 다 자신에게 가장 유리한 선택을 하고 둘 다 결국 5년 징역을 살게 됩니다.

그런데 이런 선택을 100번 정도 반복 한다면 결과는 어떨까요? 아마 둘 다 협조하여 범죄를 부인하고 이익의 극대화인 1년 형을 살게 될 것입니다. '협조적 게임이론(cooperative game)'은 반복되는 게임상황에서 협상 당사자들이 다른 쪽의 행동을 고려하면서 자신의 이익을 효과적으로 극대화하는 협력적 경쟁관계를 형성할 수 있다는 것인데, 아우만(Robert John Aumann)과 셸링(Thomas Crombie Schelling)이 수학적으로 분석하여 2005년 노벨 경제학상을 받았습니다.

6.3. 상거래에서 게임이론

상거래에서 신용은 거래 관계가 얼마나 반복적 · 지속적이냐에 달려 있습니다. 단 한 번뿐인 죄수의 딜레마 게임에선 배신이 우월 전략이 되지만 반복적인 게임이라면 협력이 더 유리한 결과를 만듭니다. **애덤 스미스**(Adam Smith, 1723-1790)는 "규모가 크고 상거래 빈도가 잦은 상인일수록 자신의 평판을 지키기 위해 정직하게 행동할 인센티브가 크다"고 지적했습니다.

몇 년 전 미국발 금융위기를 살펴봅시다. 미국정부가 몇 차례에 걸쳐 결국 1조억 달러 규모의 구제금융 재정지원을 금융기관에게 약속한 것은 양보 없는 '치킨게임'으로 양쪽 모두 파국으로 치닫게 될 상황을 피하기 위해 정부가 핸들을 꺾은 경우입니다. '이익의 사유화와 손실의 국유화'라는 선례를 남기긴 하지만 양보 없는 극단을 피하자는 전략적 선택이었습니다.

현실적으로 우리는 가끔 제로섬게임의 상황에 빠지게 됩니다. 나의 의도와는 상관없이 상대가 제로섬게임(zero-sum game)을 걸어오기도 합니다. 가능하다면 제로섬게임을 넌제로섬게임(nonzero-sum game)으로 바꿔 서로 협력하여 더 큰 파이를 만들어 서로가 더 큰 이익을 얻는 게임으로 바꿔야 합니다. 그러나 상황을 피할 수 없을 때에는 내가 바보가 아니라는 것을 보여줘야 할 때도 있습니다.

게임이론은 수학에서 출발하여 현재 사회과학 분야에서 꽃을 피우고 있습니다. 많은 결정의 순간에 게임이론을 활용하면 보다 유리한 전략적 선택을 할 수 있습니다.

Chapter 07

애니메이션 속의 수학

7.1. 나비에-스토크스 방정식(Navier-Stokes Equations)

크게 히트한 디즈니 애니메이션 '모아나'와 '겨울왕국'의 물과 눈의 볼거리는 **컴퓨터 그래픽**(Computer graphic, CG)이 만들어낸 애니메이션입니다. 겨울왕국에서 눈이 중요한 소재였다면, 모아나에서는 현란한 물의 움직임이 탄성을 자아내게 합니다. 관객들은 즐겁게 영화를 보지만, CG로 가장 표현하기 힘든 분야가 물이나 눈 등 점성을 지닌 유체의 운동입니다. 두 영화 모두 미국 UCLA의 수학과 교수가 역사상 가장 위대한 수학방정식 중 하나로 꼽히는 '**나비에-스토크스 방정식**(Navier-Stokes equations)'을 활용해 CG 작업을 맡았다고 합니다.

• 〈**겨울왕국**(Frozen)〉은 제목 그대로 '겨울왕국'을 표현하는 애니메이션 영상이 사실적으로 잘 표현됐고, 심지어 아름다워 보였기

때문에 전문가는 물론 대중에게 극찬을 받았습니다. 사람들은 진짜보다 더 진짜 같은 컴퓨터그래픽(CG)을 볼 때 감탄을 하는데 특히 애니메이션은 CG의 완성도가 관객평가의 핵심이 되기도 합니다.

디즈니의 겨울왕국 I(2013)과 겨울왕국 II(2019)포스터로 이 영화는 약 800 명의 팀이 제작에 참여했으며 그중에는 수학자도 다수 참여했다 합니다.(위키이미지)

그래픽 전문가들은 입을 모아 물이나 불, 눈과 같이 특정한 형태가 없는 효과가 필요한 장면이 가장 제작이 어렵다고 말합니다. 형태도 없는데 각각 고유의 성질이 있어, 자칫 잘못 표현했다간 물이 젤리처럼 보이거나, 눈이 돌덩이처럼 보일 수 있으니까요. 예를 들어 컵에 물을 따르는 장면을 CG로 나타내려면 시간에 따라 변하는 물의 양에 주목해야 합니다. 기본적으로 물병에서 쏟아지는 물의 양과 컵에 채워지는 양이 반드시 같아야하지요. 물을 따를 때 물병 각도에 따라 달라지는 속도, 컵 벽에 부딪쳐 튀어 오르는 물방울도 감안해야 합니다. 그래서 CG 전문가들도 복잡성이 큰 물이나 불, 연기,

눈 등은 제작을 어려워합니다.

하지만 〈겨울왕국〉 제작팀은 애니메이션의 완성도를 높이기 위해 수학자의 연구 결과를 적극 활용해 이 난관을 극복했습니다. 눈이나 물처럼 다양한 변수를 고려해야 하는 장면 묘사를 위해 수학자, 공학자, 개발자의 도움을 받습니다. 수학자가 하는 일은 밀도와 부피 같은 물리적 성질을 기초로 물체의 움직임을 예측하는 함수식을 만듭니다. 그러면 공학자와 개발자는 이 함수식을 디자이너와 감독이 원하는 CG 영상으로 구현할 시뮬레이션 프로그램으로 만드는 일을 합니다.

• **조셉 테란**(Joseph Teran) 미국 로스앤젤레스 캘리포니아대(UCLA) 수학과 교수 연구팀은 2007년부터 디즈니에서 애니메이션 컨설턴트로 활동하며 애니메이션 제작에 참여했습니다. 테란 교수와 공동 연구팀은 〈겨울왕국〉을 제작할 당시, CG로 눈의 다양한 질감을 사실적으로 표현할 수 있는 **눈 시뮬레이션**(A Material Point Method For Snow Simulation)을 만들었습니다.

테란 교수의 눈 시뮬레이션을 위한 물질 포인트 방법 컴퓨터 시연모습

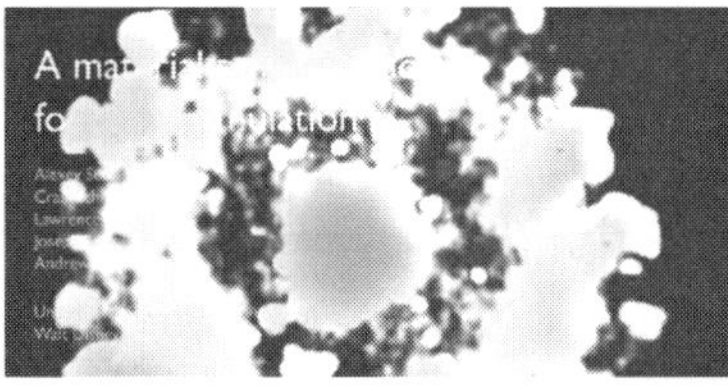

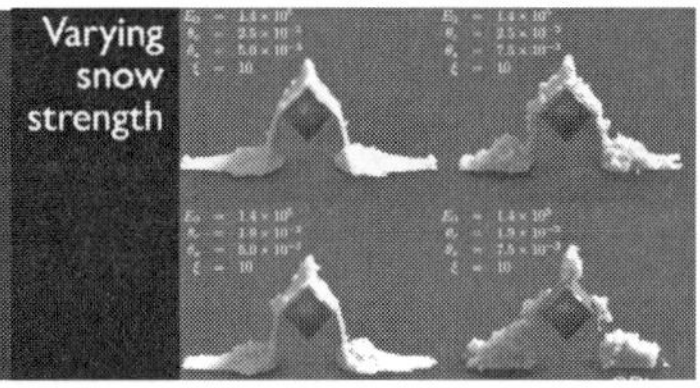

덕분에 〈겨울왕국〉에서는 만지면 부서지는 눈, 딱딱하게 뭉쳐지는 눈, 눈보라가 치며 성벽에 쌓이는 눈, 눈이 잔뜩 쌓인 길을 걸을 때 생기는 발자국과 달라지는 눈의 부피, 나무에 쌓여있던 눈이 주인공 안나에게 쏟아질 때 달라지는 눈의 질감 등 상황에 따라 알맞은 꼴의 눈을 만날 수 있었습니다. 특히 눈은 유체와 고체의 성질을 모두 지니고 있어, 테란 교수의 눈 시뮬레이션은 더욱 주목을 받았습니다. 테란 교수의 홈페이지에 눈 시뮬레이션뿐만 아니라 다양한 고체유체역학을 다루는 영상을 볼 수 있습니다. (UCLA 테란교수의 홈페이지, https://www.math. ucla.edu/~jteran/).

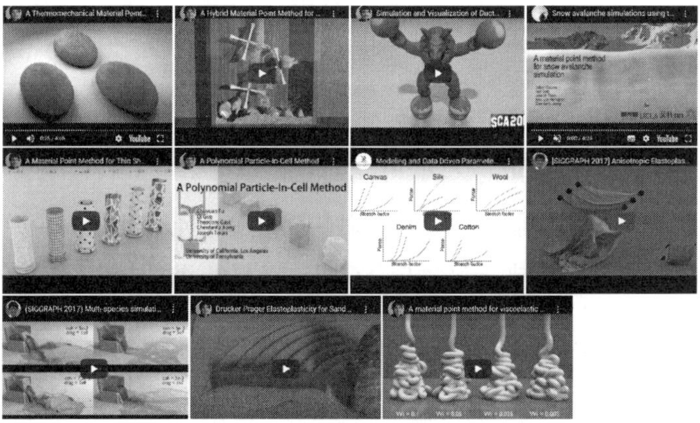

조셉 테란은 수학과 교수인데 연구 관심 분야를 보면 특이하다고 생각할 것입니다. 왜냐면 위처럼 "전산 생체 역학 / 가상 수술, 전산 고체 및 유체 역학, 메시, 충돌 감지 / 접촉 모델링, 멀티 그리드 방법, 병렬 컴퓨팅 및 고체 / 유체 커플 링" 등이 포함되어 있기 때문입니다. (테란교수의 홈페이지)

테란 교수 연구팀이 미국계산기학회(Association for Computing Machinery, ACM)에 소속된 컴퓨터그래픽스 분과회가 매년 주최하는 세계 최대의 컴퓨터 그래픽스 국제 회의인 시그라프(Special Interest Group on GRAPHics and Interactive Techniques, SIGGRAPH)에서 '눈 시뮬레이션' 관련 논문을 발표할 때 선보인 영상 자료는 큰 반향을 불러일으켰고, 디즈니에서는 〈겨울왕국〉이 개봉하는 시기에 맞춰 눈 영상을 공식 유튜브 채널에 공개하기도 했습니다.

7.2. 파동 방정식(Wave Equation)

《생애 첫 항해에 나선 주인공 모아나(Moana)는 암초지대를 넘자마자 자신의 키를 훌쩍 넘는 높은 파도를 만납니다. 위협적인 파도는 모아나의 작은 배를 순식간에 뒤집고, 이내 아무 일도 없었던 것처럼 하얀 거품으로 부서져 사방으로 흩어집니다.》

디즈니의 또 다른 애니메이션 〈모아나〉에서는 사실적인 바다 풍경을 볼 수 있습니다. 실제 바다보다 더 현실 같은 바다 연출을 가능하게 한 것은 바로 수학의 힘입니다. 〈겨울왕국〉 설경에 이어 〈모아나〉의 파도도 테란 교수 연구팀이 디즈니와 함께 했습니다.

• 물의 움직임을 나타내는 **시뮬레이션**은 **유체역학** 이론을 기초로 합니다. 공기나 물의 흐름을 설명할 수 있는 미분방정식의 일종인 '**나비에-스토크스 방정식**'이 설계의 기본입니다. 이 방정식은 백만 달러의 상금이 걸려있는 세계 7대 수학 난제 중 하나입니다. 아직 방정식의 해를 찾지 못했고, 정확한 해가 없어 오차가 있는 근사해만 구할 수 있습니다. CG 제작에서는 '정확성'보다 '시각적 효과'가

더 중요하기 때문에, 근사해만으로도 충분하다고 전문가들은 말합니다.

• 론 페드키우 스탠퍼드대 컴퓨터학과 교수는 1999년 지도교수 스탠리 오셔와 함께 처음으로 나비에-스토크스 방정식을 CG 시뮬레이션 제작에 활용했습니다. 그의 대표작 영화 〈캐리비안의 해적, 망자의 함〉에서 입니다. 페드키우 교수를 시작으로 이 수학 방정식은 다양한 영화와 **애니메이션**(animation)에서 쓰이고 있습니다.

캐리비안의 해적 2편 망자의 함 포스터(나무위키 참조)입니다. 2007년 제79회 아카데미 시각효과상을 수상을 했지요. 투입된 특수효과의 분량이 전편의 세 배에 달할 정도였습니다. 영화의 컴퓨터그래픽(CG) 효과에 수학적 응용이 많이 사용된 예입니다.

예를 들어 미분방정식으로 눈을 표현하는 시뮬레이션(simulation)을 만들려면, 기준이 되는 현재 눈의 부피와 밀도, 질량 등을 먼저 결정해야 합니다. 그런 다음 이 값을 '어떤 미분방정식'에 대입하면, 컴퓨터가 방정식을 풀어 눈의 움직임을 예측하고 조절할 수 있는 힘, 방향이나 속도, 가속도를 알려주고 CG는 이 값에 따라 구현됩니다.

• 테란 교수 연구팀은 〈모아나〉 제작에 새로운 시뮬레이션 기법(APIC, The Affine Particle-In-Cell)을 사용했습니다. 과거 기법에서는 물 움직임의 지속성이 떨어져 에너지가 부족했고, 에너지를 올리면 물 표면에 잡티가 많아지는 단점이 있었습니다. APIC 기법은 기존과 같은 조건에서도 움직임이 오래 지속됐고, 안정적이면서도 자연스러운 CG를 만들 수 있었습니다. 연구팀은 관련 내용을 담은 논문을 전산물리학 저널(Journal of Computational Physics)에 게재했습니다.

테란 교수는 "기존 시뮬레이션으로 〈모아나〉의 바다를 표현했다면 관객은 수영장에 떠있는 배라고 생각했을지도 모른다"며 "이번 연구로 부자연스러움을 줄이고, 바다의 거친 파도와 항해하는 배의 움직임, 물의 입자까지 세세하게 표현할 수 있었다"고 말했습니다.

모아나가 거친 바닷물을 헤치고 나아가는 영상

형태도 없고, 움직임의 방향성도 정해지지 않은 물을 수학과 공학, 그리고 예술이 만나 진짜보다 더 진짜같이 표현하고 있습니다. 지금 이 순간에도 관련 전문가들은 계속해서 처리 속도는 더 빠르게, 이미지 처리 완성도를 높이는 새로운 시뮬레이션 기법을 개발하기 위한 연구를 진행하고 있습니다. 수학자들의 도전을 받고 있는 답 없는 방정식(나비에-스토크스 방정식)이 예술과 만나 새로운 분야를 열었습니다.

Chapter 08

디지털 과학 속의 수학

8.1. 디지털 통신(Digital Communication)

디지털이라는 단어를 빼놓고는 살 수 없는 세상이 되었습니다. 통신 역시 '**디지털 통신**(Digital Communication)'이 대세가 된지 이미 오래입니다. 하지만 '디지털 혁명'이라고 불릴 만한 통신의 디지털 시대를 연 것이 수학자들이라는 사실을 아는 사람은 얼마나 될까요. 아날로그와 디지털의 차이는 크게 '선'과 '숫자'로 구별됩니다. 즉 아날로그는 곡선의 형태로 정보를 전달하고, 디지털은 1과 0이라는 숫자를 통해 정보를 전달하는 것입니다.

• 21세기는 정보통신 분야의 신기술이 국력을 좌우하는 시대입니다. 그 정보통신 국력을 뒷받침하는 학문이 바로 수학입니다. 소련이 미국보다 먼저 인공위성을 쏘아 올렸을 때 미국 사회가 '수학교육의 부재'에서 원인을 찾았던 이유를 우리는 곰곰이 되씹어 볼 때입니다.

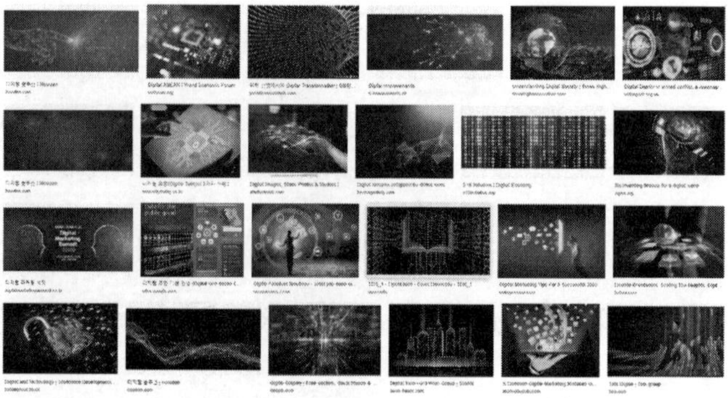

'디지털이미지'를 검색하면 디지털솔루션, 디지털변환, 디지털개선, 디지털사회, 무력충돌의 디지털존엄, 디지털마케팅, 디지털보건, 디지털적응솔루션, 자동차디지털화 등의 검색결과로 나옵니다(구글 이미지).

디지털과 수학을 검색하였더니 디지털수학 네트워크 출시, 디지털수학, 디지털 법의학 연구원을 위한 수학 강의, 신호 처리의 수학적 z-변환, 이산 신호, 디지털 게임 및 수학 학습, 디지털 교실에서 수학을 공부하는 아이들, 밀레니엄의 새로운 디지털수학 등이 나옵니다.(구글 이미지)

• 삼각함수에서 디지털통신은 시작되었습니다. 프랑스 수학자 **푸리에**(Baron de Fourier, 1768~1830)는 1822년, 모든 주기적인 현상을

삼각함수의 선형결합으로 나타낼 수 있다는 이른바 '**푸리에 정리**(Fourier theorem)'를 발표하였습니다. 얼핏 순수수학의 발견으로 그쳤을 지도 모를 이 이론이 빛을 보게 된 것은 120여년이 지난 1948년, 미국 벨 연구소의 클로드 섀넌이 '**통신의 수학적 이론**(A Mathematical Theory of communication)'라는 논문을 발표하면서 부터였습니다. 정보이론의 기념비적인 업적으로 꼽히는 이 논문의 발표로 아날로그 통신 시대는 막을 내렸고, 디지털 혁명의 싹이 움트기 시작했습니다. 지구 반대편의 사람들과 얼굴을 보면서 화상 통화할 수 있게 된 것도 푸리에라는 수학자의 이론 덕택인 셈입니다. 푸리에 정리란 간단히 말하자면 임의의 음파가 가진 패턴, 혹은 사실상 임의의 파동의 패턴을, 그 패턴이 아무리 복잡하다 할지라도, 사인함수의 조합으로 구성할 수 있다는 것으로 해석학의 발전에 크게 기여 하였습니다. 현대사회에서 디지털통신뿐 아니라 디지털보청기 등에도 사용됩니다.

• 통신 신호는 주기와 주파에 응답하는 크기값을 가지며 이것을 그래프로 표현하면 신호의 형태(파형)을 알 수 있습니다. 그래서 신호의 파형(wave form)을 통하여 신호의 특성을 알게 되며 대부분의 신호는 해석이 쉬운 주기신호가 아닌 비주기신호이기 때문에 이를 해석하기 위해서 먼저 주기신호의 정확한 해석이 선행되어져야 합니다. 정확한 해석을 위하여 "표현법"이라는 개념이 도입되었고, 표현법은 시간영역표현과 주파수영역표현으로 나눌수 있으며 이 표현법 안에서 신호는 정현파신호("하나의 주파수만을 가지는 고정된 아주 간단한 신호")의 합으로 표현되는데 임의의 주기신호는 여러 정현파 함수들의 조합으로 구성되기 때문입니다. 이것을 주파수영역에서

다룬 것이 푸리에 해석(Fourier analysis)이며, 주기신호들을 직교관계에 있는 삼각함수(trigonometric function)의 합으로 나타내는 것이 푸리에 급수입니다. 그리고 **푸리에 변환**(Fourier transform)은 비주기 신호들의 해석을 주파수영역의 무한주기의 개념으로 해석한 것 입니다. 즉, 푸리에 변환은 푸리에 급수의 약점을 보완하기 위해 제안된 적분 변환을 의미합니다.

푸리에(Joseph Fourier 조제프 푸리에 1768-1830, 프랑스)는 푸리에급수의 창시자이며 함수의 성질과 응용을 연구하는 분야를 개척하였습니다. 삼각함수는 고대이집트에서 피라미드의 축조, 경작지 정리 등 토목공사를 비롯하여 천체의 관측, 항해술 등 푸리에는 고체 내에서의 열전도에 관한 연구로 열전도 방정식(푸리에 방정식)을 유도하였으며, 이 방정식을 풀기 위해서 푸리에 해석으로 불리는 이론을 전개 했습니다. 푸리에 해석은 거의 "**모든 함수가 주기함수의 합으로 나타낼 수 있다** "고 하는 역설성으로부터 많은 수학자들의 주목을 받았고 그의 연구는 19 세기 해석학의 방향을 결정지었습니다. 리만의 적분론이나 게오르크 칸토어의 집합론도 푸리에의 연구결과로 부터 태어나게 됩니다.

이 논문이 발표되었던 20세기 중반만 해도 통신케이블을 사용하여 1,800개 정도의 신호를 보낼 정도의 수준밖에 되지 않았습니다. 사람들이 '20세기 최고의 발견'이라는 찬사를 아끼지 않았던 통신혁명은 그렇게 시작되었고, 수학의 발전이 곧 통신기술의 발전으로 진행되었습니다. 그 후 반세기가 넘는 세월 동안 통신수학은 발전을 거듭했고, 지금은 사람 머리카락만한 굵기의 광통신케이블에 640만 개의 통신정보를 보낼 수 있게 되었습니다.

8.2. 암호이론(Cryptology)

예금 인출, e-메일 교환 등에는 수학의 로그이론, 지수함수, 3차방정식 등이 쓰입니다. 수학적 알고리즘의 이미지 형상으로 정보통신이론, 암호이론, 비밀번호, 선형계획 및 게임이론 등에 쓰이지요. 그렇다면 통신분야에서 수학의 역할을 구체적으로 살펴볼까요? 수학은 통신시스템에서 발생하는 무작위적인 현상을 확률론을 기반으로 정밀하게 분석하는 몫을 담당합니다. 그 결과는 통신망의 성능을 분석하는데 활용될 뿐만 아니라 통신시스템의 최적화를 위한 알고리즘 개발과 소프트웨어설계 · 구현을 통한 원천핵심기술개발에도 수학은 중요한 역할을 합니다. 역설적인 이야기로 들릴 수도 있겠지만, 다른 사람이 통신내용을 아무나 알 수 없도록 비밀을 유지하는 '암호'의 발전도 역시 수학의 공로였습니다.

• 게임이론과 함께 현대 수학에서 빼놓을 수 없는 **암호이론**(cryptology)은 영국의 수학자 **튜링**(Alan Turing, 1912~54)이 악명 높은 독일군 암호체계 에니그마를 해킹하면서 급격하게 발전했습니다만, 영국이 주축이 된 연합군의 승리에 결정적인 역할을 했던 튜링은 전쟁이 끝난 뒤 독이 든 사과를 먹고서 자살했습니다. 세상은 그가 사망한지 12년 뒤에 수학의 노벨상이라 불리는 **'앨런 튜링상'**을 만들어

전쟁 영웅의 삶을 기렸습니다.

암호이론은 순수수학자들이 로그이론, 로그함수, 지수함수 등의 이론을 이해하고, 이를 삼차방정식과 타원에 적용한 뒤에야 실생활에 쓰일 수 있게 됐습니다. 우리가 은행예금을 인출하고, 신용카드를 사용하고, e-메일을 주고받을 수 있는 것도 바로 이 암호이론 덕분입니다. 수학과에서 배우는 암호론은 컴퓨터 보안이론에 체계적으로 접근할 수 있게 해주며 컴퓨터 전공자 보다는 수학적 알고리즘에 대한 공부를 많이 하고 직접 알고리즘을 짤 수 있게도 되기 때문에 컴퓨터 보안체계 구축에서 수학자들의 참여가 필수적입니다.

• 21세기에는 수학교육이 국력을 좌우한다고도 말할 수 있습니다. **전자상거래**(electronic commerce)의 핵심 기술로 꼽히는 '**공개키 암호**(public key cryptography)'의 원리도 대수방정식의 해법과정에서 발견한 군론(群論)과 소인수분해 이론을 응용한 것입니다. 공개키 암호시스템은 타인이 메시지를 암호화할 때 사용하는 공개키와 암호문을 원래의 메시지로 복원할 때 쓰는 비밀키를 각각 사용하는 암호시스템을 말하며 공개키 암호시스템은 전송에 의존하는 데이터의 보안에 반드시 필요한 기술로 많은 수학적 이론이 응용됩니다.

이 공개키 암호 기술 분야에서는 우리나라가 세계 최고 수준의 기술 경쟁력을 현재 갖고 있습니다. 지난 2000년 한국과학기술원 수학과 교수팀이 한국전자통신연구원 부설 국가보안기술연구소와 공동으로 공개키 암호 원천기술을 세계 최초로 개발했지요. 이 기술은 곱셈과 덧셈 등 연산의 순서를 바꿔 다른 값이 나오도록 하는 '비가환군'에 근거하며 미국에서 개발돼 가장 널리 쓰이는 공개키 일종인 RSA(Rivest Shamir -Adleman)시스템보다 2배 이상 빠른 이 기술은 공개키 암호론이 시작된 지 20여년만의 획기적인 수학이론으로 평가 받고 있습니다. 특히 암호화 및 보호화 속도가 매우 빠르고 구현하는 알고리즘의 크기가 작아 스마트카드나 전자화폐와 같은 소용량 장치에도 무리 없이 적용할 수 있습니다. 우리나라는 미국과 함께 공개키 암호시스템의 원천기술을 확보한 단 두 나라 중 하나가 되었고, 우리나라가 전자상거래 및 정보보호분야에서 미국과 함께 시장을 주도하게 될 것으로 보입니다.

• 학창시절, 우리를 괴롭히며 '울렁증'마저 갖게 했던 멀게만 느껴진 수학이 이렇게 생활 속 깊숙이 가까이 들어와 있습니다. 수학 전공자가 대접받는 시대가 되었습니다. 미국 금융회사는 항공우주국(NASA)의 수학자들을 영입해 상품 설계를 맡기고 있고, 석유탐사, 상권분석, 감염병 · 자연재해 예측에도 수학적 알고리즘이 적용되고 있습니다.

Chapter 09

컴퓨터 (Computer) 속의 수학

인류 최고의 발명품은 무엇일까요?

현재 우리 생활을 들여다볼 때 **컴퓨터**는 현존하는 인류 최고의 발명품 중의 하나 아닐까요?

미 국방부와 NASA의 사무실 모습으로 거의 대부분의 업무가 컴퓨터로 이루어집니다(미국방부, NASA 참조).

9.1. 인간을 추월한 인공지능(Artificial Intelligence)

컴퓨터의 기초가 만들어진 것은 20세기 초, 폰 노이만, 앨런 튜링 등의 천재적인 수학자들의 업적이며, 그 이전에 개발된 디지털 회로 설계에 불가결한 '**불대수**(Boolean algebra)'는 영국의 수학자 조지 불(George Boole)이 19세기에 제안한 것입니다. 오늘날에 사회적 인프라가 된 암호기술인 RSA(Rivest·Shamir·Adleman)는 2,500년 전에 피타고라스의 **소인수분해**(素因數分解)의 발견에 기초하고 있습니다. 그리고 모든 산업에 영향을 주기 시작한 딥러닝의 기초도 수학이며, 또한 이를 혁신하는 것도 수학이 될 것입니다.

2016년 3월 세계 바둑 랭킹 1위를 지낸 이세돌 9단과 구글 딥마인드사의 딥러닝이라는 수학적 기법을 이용한 프로그램인 알파고(AlphaGo)와의 바둑 대결에서 인공지능이 1승 4패로 승리하자 이는 엄청난 충격으로 다가왔고, 스스로 학습하여 인간을 넘어선 인공지능과 딥러닝에 대한 세간의 관심은 4차 산업혁명에 까지 불이 커졌습니다.

여기에서 인공지능, 머신러닝, 딥러닝 같은 개념을 간략히 정의하고 넘어가고자 합니다. **인공지능**(artificial intelligence, AI)이란 **"컴퓨터가 '생각'할 수 있는가?"**라는 질문에 '보통의 사람이 수행하는 지능적인 작업을 자동화하기 위한 연구 활동'으로 정의할 수 있으며 AI는 머신 러닝과 딥러닝을 포괄하는 종합적인 개념입니다. AI는 논리, if-then 규칙, 의사 결정 트리 또는 딥러닝을 포함한 머신러닝을 사용하여 컴퓨터가 인간 지능을 모방 할 수 있게 하는 모든 기술을 말합니다.

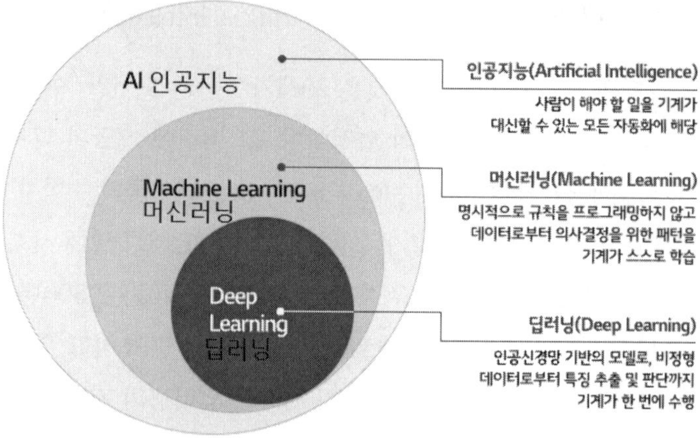

인공지능, 머신러닝, 딥러닝의 차이점

• **머신러닝**(machine learning)은 AI의 부분집합으로, 이의 출발점은 "우리가 어떤 것을 작동시키기 위해 '어떻게 명령할지 알고 있는 것' 이상을 컴퓨터가 처리하는 것이 가능한가? 그리고 특정 작업을 수행하는 법을 스스로 학습할 수 있는가? 컴퓨터가 우리를 놀라게 할 수 있을까? 프로그래머가 직접 만든 데이터 처리 규칙 대신에 컴퓨터가 데이터를 보고 자동으로 이런 규칙을 학습할 수 있을까?" 입니다. 이 질문은 새로운 프로그래밍 패러다임의 장을 열었습니다. 전통적인 프로그래밍에서는 규칙(프로그램)과 데이터를 입력하면 해답이 출력되었으나, 머신 러닝에서는 데이터와 이 데이터로부터 기대되는 결과물(해답)을 입력하면 규칙이 출력됩니다.

• **딥러닝**은 머신러닝의 부분집합으로써 소프트웨어가 다층 신경 네트워크를 방대한 양의 데이터에 노출시켜 음성 및 이미지 인식과 같은 작업을 수행하도록 훈련시키는 알고리즘으로 구성되어 있습

니다. 머신러닝의 세부 방법론들을 통칭하는 개념에 불과하며 2016년 3월 바둑 두는 인공지능 **'알파고**(AlphaGo)'가 대한민국의 이세돌 9단을 압승하면서 국내에 알려졌고 AI의 괄목할 발전을 보면서 딥러닝의 무궁무진한 가능성을 높게 보면서 '인간이 기계에 지배당할 날이 올 수도 있겠다'라는 상상력도 생겼습니다.

머신 러닝 시스템은 명시적으로 프로그램 되는 것이 아니라 훈련(training)됩니다. 작업과 관련 있는 많은 샘플을 제공하면 이 데이터에서 통계적 구조를 찾아 그 작업을 자동화하기 위한 규칙을 만들어 냅니다. 딥러닝(deep learning)은 머신 러닝의 특정한 한 분야로서 연속된 층(layer)에서 점진적으로 의미 있는 표현을 배우는 데 강점이 있으며, 데이터로부터 표현을 학습하는 새로운 방식입니다. 딥러닝에서는 기본 층을 겹겹이 쌓아 올려 구성한 **신경망**(neural network)이라는 모델을 (거의 항상) 사용하여 표현 층을 학습합니다.

• 딥러닝의 획기적인 발전 사례는 아래와 같습니다.

사람과 비슷한 수준의 이미지 분류, 사람과 비슷한 수준의 음성 인식, 사람과 비슷한 수준의 필기 인식, 향상된 기계 번역, 향상된 TTS(Text-To-Speech) 변환, 구글 나우(Now)와 아마존 알렉사(Alexa) 같은 디지털 비서, 사람과 비슷한 수준의 자율 주행 능력, 사람을 능가하는 바둑 실력, 및 향상된 검색엔진 등입니다.

딥러닝 자체는 추정에 크게 영향을 주는 변수를 자동적으로 추출하고 고도의 추정을 가능하게 하지만 그 추정 결과의 근거에 대해서는 인간이 알 수 없는 블랙박스 문제가 있는데, 이러한 문제를 극복하고 설명 가능한 AI를 개발하기 위해서도 수학이 기초가 될 것입니다. AI의 차세대 이노베이션으로서 **카테고리 이론**(Category Theory, 수학적 구조와 그 사이의 관계를 추상적으로 취급하는 수학이론)에 주목하는 의견도 있습니다(카토 후미하루 동경공업대학 교수, 최첨단 과학 - 수학, 주간다이아몬드, 2019.9.1.). 또한 현재의 암호체계를 혁신해 국가의 정치군사적인 위상, 미중패권 경쟁의 향방을 좌우하는 양자(量子)컴퓨팅 기술도 수학이 기반이 되고 있습니다. 그리고 이 양자기술이 현재 반도체 기술의 집적도의 한계를 돌파하는 역할을 할 것으로도 기대되고 있습니다.

9.2. 컴퓨터 속의 수학

수학이 AI를 좌우하고 AI가 산업 및 경제를 좌우하는 등 수학이 국부(國富)를 좌우하는 **수리자본주의**의 시대가 도래 했다는 것입니다. 여기서 일본정부의 수학에 관한 정의는 순수수학, 응용수학, 통계학, 확률론 등과 함께 수학적인 표현을 필요로 하는 양자이론, 소립자물리학, 우주물리학 등도 포함한 광범한 개념으로서 파악되고 있습니다.

• 구글, 아마존 등 세계 유수의 IT기업이나 스타트업 기업들은 초일류의 수학자를 영입하고 그 연구 수준은 MIT나 스탠포드 대학 등을 능가하고 있다고도 합니다. 수학에는 순수수학과 응용수학이라는 2분법이 있었으나 첨단 분야에서는 이러한 경계가 애매해지고 있는 것입니다. 산업계에서의 응용이 순수수학 수준으로 고도화되고 있고, 산업계의 응용수학이 새로운 순수수학의 발전에 기여

하는 측면도 나오는 등 순수수학에서 응용수학으로 가는 일방방향 뿐만 아니라 응용수학에서 순수수학으로 가는 방향도 강화되고 있는 것 입니다. 예를 들면 IC카드 등에 사용되는 타원곡선암호나 소재 등의 데이터 분석에 활용되는 **지속적 호모로지**(persistent homology, 데이터의 형상, 공간적 정보를 효율적·정량적으로 추출할 수 있음) 등이 그 사례라고 할수 있습니다.

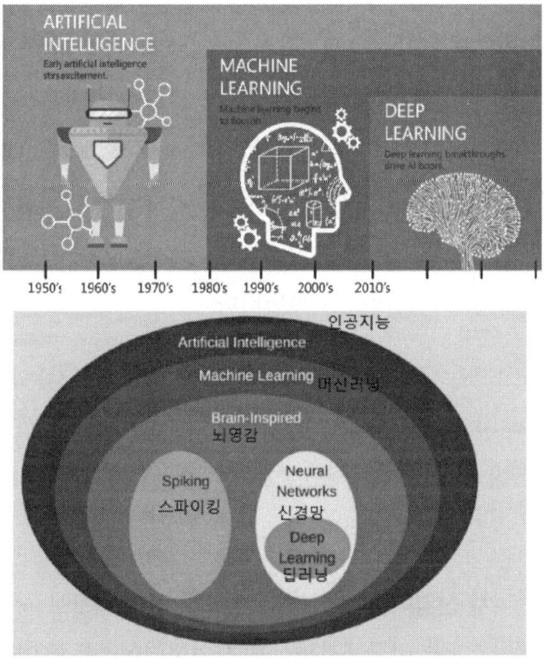

인공지능, 머신러닝, 딥러닝의 발전단계와 관계도

컴퓨터는 0,1을 이용한 이진법으로 정보가 전달되고, 컴퓨터의 작동에 필요한 코딩과 프로그래밍은 수학입니다. 그래서 수학은 여러

분이 상상하는 것을 컴퓨터를 통해 실현시켜줄 수 있는 도구입니다.

• 원래 컴퓨터의 탄생은 수를 계산하기 위함이었고, **이진법**이라는 구조에 따라 정보전달이 핵심적 구성요소입니다. 기계학습(머신러닝) 및 데이터 마이닝 분야의 대가인 미국의 페드로 **도밍고스** 교수(워싱턴대)는 "**컴퓨터 프로그래밍**(computer programming)과 **코딩**(coding)은 컴퓨터가 어떻게 작동하는지 알게 된다는 점에서 중요합니다. 하지만 코딩이나 프로그래밍은 그냥 컴퓨터의 일부분일 뿐입니다. 논리적 사고와 귀납법, 수학적 소양 등이 먼저 갖춰져야 합니다. 초등학교 때부터 코딩을 가르쳐야 한다고 주장하는 사람들이 있는데, 코딩을 가르치기에 앞서 수학과 논리를 먼저 가르쳐야 한다"고 강조했습니다. 4차 산업혁명에 대응하기 위해 어렸을 적부터 코딩과 컴퓨터 프로그래밍을 가르쳐야 한다는 국내 전반의 사회적 분위기에 대한 일침이어서 주목됩니다.

• 도밍고스 교수는 "수학적 소양은 컴퓨터와 인공지능(AI)으로 대변되는 4차 산업혁명 시대에 필수적인 소양이 되고 있다"며 "수학적 소양 토대 위에 코딩과 프로그래밍 등을 어렸을 때부터 가르치면 효과가 훨씬 클 것"이라고 강조했습니다.

그는 또 "**4차 산업혁명** 시대에서는 AI가 큰 동력으로 작동할 것으로 믿는다"며 "다만 미국에서는 4차 산업혁명이라는 용어를 한국이나 유럽만큼 쓰지는 않는데, AI 등이 상징하는 미래에 다가올 사회 현상을 인식하고 있는 정도"라고 밝혔습니다. 도밍고스 교수는 앞으로 AI는 인간이 데이터를 직접 입력하는 '지도학습'에서 나아가 컴퓨터가 스스로 학습하는 능력을 갖게 될 것이라고 예측했습니다.

그는 예를 들어, "AI가 병명을 진단할 때 의사가 주입한 데이터를 통해 '당뇨병'이라는 결론을 내는 게 현재까지의 기술이었다면, 앞으로는 의사가 데이터를 주입하지 않아도 AI가 주도적으로 진단을 하게 될 것"이라며 "인간은 '지식엔지니어링'이라고 부를 수 있는 다른 가치의 영역에 역할을 할 것"이라고 봤습니다. 도밍고스 교수는 지식엔지니어링(knowledge engineering)의 사례에 대해 **'월드와이드브레인**(Worldwide Brain)'이라는 개념을 언급했습니다. '월드와이드웹(WWW)' 시대가 **'마스터 알고리즘**(Master Algorithm)'을 통해 '월드와이드브레인'시대로 진화할 것이라는 주장입니다. 지금까지 월드와이드웹은 명확히 어떤 인터넷상 페이지에 인간의 질문과 매칭되는 답이 있을 때만 답을 줬습니다. 대한민국에서 가장 높은 산에 대한 답으로 검색을 통해 '한라산'을 제시하는 식입니다. 그러나 월드와이드브레인이 구현되면 답이 없는 웹 페이지에서도 답을 유추할 수 있게 된다는 게 도밍고스 교수의 설명입니다. A라는 자료를 통해 B를 물었을 때 기존에는 B라는 답을 찾을 수 없었지만 A에 포함된 B에 대한 힌트를 찾아내 B라는 답을 유추할 수 있는 논리적 연산이 가능해진다는 것입니다. 다시 말하면, 한국에서 가장 높은 산에 대한 답으로 '한라산'을 제시하는 게 아니라, 논리적 연산을 통해 유럽에서 가장 높은 산이나 아시아에서 가장 높은 산을 답으로 제시할 수 있다는 의미입니다.

• 도밍고스 교수는 컴퓨터는 앞으로 우리가 프로그래밍 할 필요 없이 데이터에서 일반화하여 스스로 학습할 것이라 합니다. 그렇게 되면 컴퓨터는 인간의 작은 도움으로 더 많은 일을 할 수 있고, 경험을 통해 배우면서 새로운 지식을 발견해 줄 것 이라 하였습니다.

그는 "기존의 웹은 상당히 부정확한 정보나 잡음, 모호한 정보들이 많은데 머신러닝과 마스터 알고리즘을 통해 컴퓨터가 사람이 원하는 답을 더 정확하게 제공할 수 있을 것"이라며 "마스터 알고리즘을 통해 월드와이브레인이 구현되면 앞으로 웹에서 찾을 수 있는 정보가 기하급수적으로 늘어날 것"이라고 전망했습니다.

9.3. 수학과 컴퓨터공학

컴퓨터 프로그래밍 분야에서 수학적 개념과 지식이 우선적으로 응용되는 분야는 상대적으로 광범위하지만 핵심분야는 다음과 같습니다.

– 데이터 분석 및 빅데이터 모델링 : 확률 및 통계

– AI 인공지능, 머신러닝 : 선형대수, 미적분, 확률 및 통계, 최적화

– 3D 프로그래밍 : 선형대수, 삼각함수, 공간도형, 위상수학

– 암호학, 블록체인 : 정수론, 알고리즘,

– 게임, VR/AR : 정수론, 선형대수, 알고리즘, 미적분, 확률 및 통계, 공간도형

• **이진법**의 원리를 간단히 살펴보자면, 컴퓨터가 스위치의 **켜고(1) 끄는(0) 원리**를 이용해서 만들어졌습니다. 그래서 컴퓨터에서 사용하는 언어는 0과 1뿐이라서, 모든 것을 참(true)과 거짓(false)의 둘 중 어느 하나만을 택할 수 있지요. 이런 이진법의 수를 이용해서 만든 논리회로가 컴퓨터의 작동 원리입니다.

십진법	1	2	3	4	5	6	7	8	9	10
이진법	1	10	11	100	101	110	111	1000	1001	1010

이진법

컴퓨터 속에서 1**비트**(bit)라는 것이 있는 데, 그것은 0, 1을 쓰는 정보량의 최소 단위입니다. 10011은 5비트이고, 하나의 단위가 나오는 데 1**바이트**(byte)가 쓰입니다. 바이트는 비트(0과 1)의 집합으로 구성된 기본 단위로 8비트로 1바이트를 구성하는 것이 가장 일반적이라 즉 1바이트는 8개의 방이 있고 그 방에는 각각의 비트가 들어갈 수 있는 것입니다. 그렇다면 1(바이트)에는 몇 가지의 종류가 있을까요?

1byte=8bit=2×2×2×2×2×2×2×2=256가지(이 숫자는 무척 많이 쓰입니다)로 우리가 흔히 쓰는 1MB(메가 바이트)는 1000,000byte를 말하는 것이고 1GB는 1MB의 1,000배를 말합니다.

• 컴퓨터에서 색상을 나타내는 원리는 무엇일까요? 그것은 RGB(red빨강, green녹색, blue파랑)가 기준입니다. 컴퓨터에서 색상표를 선택하면 아래 창이 뜹니다. 그때, 파란색 상자를 보면 나오는 숫자가 255가 나와요. 이것이 바로 0~255(256가지) 중에서 선택할 수 있는 것이고, 빨강, 녹색, 파랑의 값을 조정해서 서로의 색이 혼합된 다양한 색이 나오는 것입니다. 그렇다면 그런 색이 몇 가지가 나올까요? 256×256×256= 16777216가지가 나온다는 얘기입니다. 카메라가 1600만 화소다 라고 하는 이유가 여기에 있습니다.

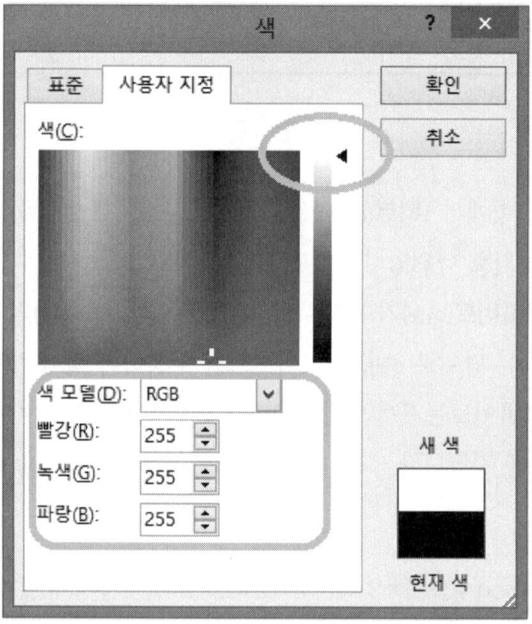

컴퓨터에서 사용자 지정 색상 페이지

• 수학과 **컴퓨터공학**은 매우 밀접한 관련이 있고, 또 있도록 해야 하며, 그 관련성을 꼭 잘 이용해야만 합니다. 수학은 컴퓨터보다 더 오래 계속 발전해왔고, 또 다른 학문들의 근간이 되어 왔는데, 그러한 이유는 수학의 간단함과 편리함에 있다고 할 수 있습니다. 간단하고 편리하기에 옳고 그름을 증명하기 쉽고, 옳다는 것을 보일 수 있었기에 사람들이 그것을 믿고, 사용하고, 그로 인해 계속 해서 발전할 수 있었습니다. 따라서 컴퓨터공학이 하나의 학문분야로서 인정을 받고, 더 나아가 계속해서 발전하려면 수학과 같은 길을 걸어야 할 것입니다.

컴퓨터공학이 더욱 발전하기 위해선 수학의 도움이 절대적으로 필요합니다. 컴퓨터공학 또한 과학의 한 부류라고 보고, 대부분의 과학이 수학을 밑바탕에 깔고 있음을 생각하면 자명한 일입니다. 수학 분야에서 이루었던 성과들을 컴퓨터공학이 잘 이용할 수만 있다면, 이는 엄청난 힘이 될 것입니다. 따라서 컴퓨터공학을 하는 사람이라면 누구나 수학을 열심히 공부해야 한다고 말하고 싶습니다. 그래야만 컴퓨터공학이라는 분야가 더 발전할 수 있을 것이라 믿습니다.

Chapter 10

제어공학(Control Engineering) 속의 수학

10.1. 제어공학(Control Engineering)

제어공학(Control Engineering)이란 제어 이론에 기반하여 동적 시스템의 동작이 원하는 대로 이루어지도록 하는 방법을 연구하는 공학의 한 분야입니다. 수학의 미분방정식에서부터 시작하여, 라플라스 변환이나 푸리에 변환, Z-변환과 같은 수학적 방법들이 동원되며, 이를 이용하여 제어를 해야 하는 대상(이하 플랜트)을 모델링하거나 근사화(approximation)한 모델링을 수행하고, 특정한 입력에 대하여 플랜트가 원하는 동작을 수행하도록 컨트롤러를 제작합니다. 제어공학의 핵심이 되는 분야가 **공학수학**과 **회로이론**입니다.

쉽게 예를 들자면, 내가 원하는 각도를 입력하면, 그 각도만큼 모터가 작동하는 모터 위치 제어 시스템이 있다고 가정합시다. 이때 플랜트(plant)는 모터가 되며, 컨트롤러(controller)는 디지털 마이크로 컨트롤러나 아날로그 컨트롤러가 됩니다. 구동기(actuator)는 컨트롤러에서 출력되는 신호를 플랜트의 입력 형식에 맞게 변환해 주는 장치이며, 센서(sensor)는 위치 제어이므로 모터의 각도를 감지하는 센서로, 증가형 엔코더나 절대형 엔코더, 혹은 경우에 따라 카메라를 이용한 영상처리장치나 자이로센서 등이 됩니다. 컨트롤러는 센서에서 계측된 내용을 신호로 받아, 내가 원하는 결과값(r)과의 차이를 입력으로 받습니다.

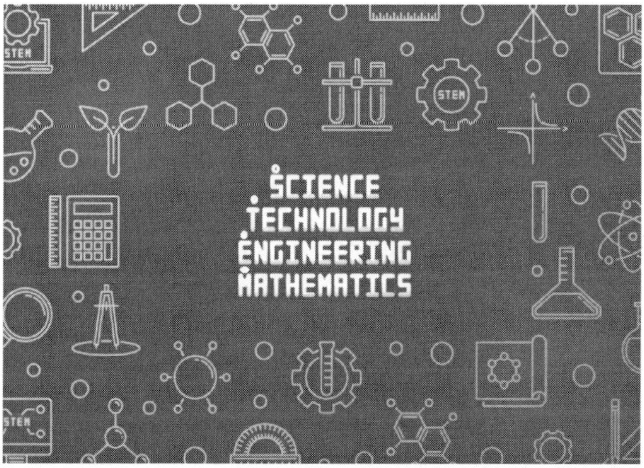

STEM교육은 학제간 접근 방식으로 학문적 개념을 우리가 사는 실제 세상과 결합시키는 학습방식입니다. 학생들은 교실과 주변 세계를 연결하는 맥락에서 과학, 기술, 공학 및 수학을 적용합니다.

블록 다이어그램은 보통 **라플라스 변환**으로 모델링된 함수들로 각 블록이 채워지며, 이를 하나의 블럭으로 통합하는 과정을 거쳤을 때 그 블록의 내용을 전달함수(transfer function)라 합니다. 시스템의 출력은 전달함수의 극점(pole)과 영점(zero)을 복소 평면에 배치했을 때의 그 위치에 따라 달라지며, 그에 따라 결과값의 안정도(stability)나 반응속도, 정상 편차(steady state error)가 달라집니다.

제어공학자는 전체 시스템의 출력이 원하는 대로 나오게 만들기 위해 컨트롤러의 특성을 수정하여 플랜트만 존재할 때와는 다르게 전체 시스템의 극점과 영점의 위치를 재배치합니다.

기본적으로 미분방정식이나 라플라스 변환과 같은 공학수학 지식이 절대적으로 요구되며, 좀 더 고급의 디지털 제어를 수행하려면 **푸리에 Z-변환**에 대한 지식과 선형대수학에 대한 지식이 추가적으로 요구됩니다. 제어공학은 기계, 전자 분야로 가장 많이 진출합니다.

10.2. 자동차 공학

일상생활에서 아주 쉽게 접할 수 있는 자동차는 어떤 수학적 원리가 더해져 우리가 편리하고 안전하게 사용할 수 있는지 알아봅시다.

• 통나무와 원주율

바퀴가 발명되기 전에는 운송 수단으로 원기둥 모양의 나무를 이용했습니다. 통나무를 일정한 간격으로 늘어놓은 뒤 무거운 물건을 위에 올려놓고 밀거나 끌고 가는 식이지요. 물건에 힘을 주면 통나무가 구르면서 이동하게 되는데, 이때 움직인 거리는 통나무 반지름의 길이를 r이라 할 때, 통나무를 한 바퀴 굴리면 통나무의 둘레 길이인 $2\pi r$만큼 움직입니다. 이는 효율적으로 무거운 물건을 옮기는 방법일 뿐만 아니라 안전한 운송수단이기도 했습니다. 하지만 먼 거리를 이동하려면 통나무를 뒤에서 앞으로 계속 옮겨야 하는 불편함이 따랐지요

• 바퀴 스포크(Spoke)의 수

바퀴 휠의 **스포크**(spoke)를 보면 대부분 5,7,9의 홀수로 이뤄져 있습니다. 이는 삼각형이 가지는 안정성을 이용한 것이며 휠의 스포크를 4, 6 등의 짝수로 하게 되면, 스포크가 일직선상에 놓이게 되어 차의 하중이 스포크 2개에 모두 쏠리게 됩니다. 따라서 휠이 파열될 가능성이 높아지며 홀수로 하게 되면 일렬로 놓이는 스포크가 없어 하중을 서로 밀고 잡아당기며 견고하게 받칠 수 있습니다.

• 운행과정에서의 수학 –ABS브레이크와 2진법

자동차는 안전운행을 하기 위해 각 부위가 서로 신호를 주고받습니다. 이 신호는 전기 신호를 0과 1로 이루어진 2진수 신호로 바꾼 것인데, 달리는 동안 어느 부분에 이상이 생기면 이상 신호를 보내서 자동으로 위험에서 벗어나도록 합니다. 예를 들어 **자동브레이크 시스템**(ABS, auto break system)라는 장치는 눈이나 비가 올 때 자동차가 달리는 속도와 바퀴 속도를 비교하다가, 바퀴가 미끄러져 둘 사이에 차이가 생기면 바로 속도를 줄여 줍니다. ABS를 비롯한 많은 장치들이 2진수 신호를 주고받으면서 자동차가 안전하게 운행할 수 있도록 돕습니다.

• 엔진속의 수학-로터리 엔진과 에피트로코이드 곡선

자동차는 초창기부터 피스톤이 왕복운동을 하는 실린더 엔진을 사용해왔습니다. 하지만 독일의 엔지니어 펠릭스 방켈은 실린더 엔진이 너무 복잡하다고 생각해 단순하게 만들기 위해 연구했고 그 결과 1929년에 회전식 엔진을 완성했으며, 그의 이름을 따서 방켈 엔진 혹은 로터리 엔진이라고 부릅니다. 로터리 엔진의 연소실은 **에피트로코이드**(epitrochoid) 곡선 모양이며 연소실 안에서 연료가 폭발할 때마다 볼록한 삼각형 회전자가 뱅글뱅글 돌도록 되어 있고 삼각형 회전자의 축과 바퀴가 연결되어 있어 차가 앞으로 나가게 됩니다.

자동차에 사용되는 미적분으로는 자동차 속도계는 순간속도를 재는 수학이, 과속 단속 카메라에는 미분, 자동차 거리계는 적분 등의 수학이 이용됩니다.

미분과 **적분**은 자연 현상이나 사회 현상을 연구하는 자연과학이나 공학, 사회과학 등에서 활용도가 높은 영역이기 때문에, 미분과 적분의 학습을 통해 수학의 가치와 유용성을 효과적으로 경험할 수 있습니다. 우리는 살면서 다양한 운동과 변화 현상을 경험하게 됩니다. 계절의 변화, 밀물과 썰물, 인구의 변화, 낙하하는 물체의 속도와 가속도, 달리는 자동차의 속도, 물가의 변동, 생산비의 증감, 수익률의 변동 등 우리가 마주치게 되는 수많은 변화 현상에는 질서와 규칙이 내포되어 있습니다. 증가하고 감소하는 변화 상태로부터 질서와 규칙을 찾아내고 수학적으로 다루는 도구가 바로 함수이며, 그 함수의 변화를 다루는 것이 미적분입니다. 함수 자체가 이미 변화 현상을 탐구하는 동적인 성격을 지니므로, 함수의 변화를 다루는 미적분은 '변화에 대한 변화'를 취급한다는 점에서 역동적인 특징이 두드러진 수학이라고 할 수 있습니다. 미적분은 주위의 수많은 운동과 변화 현상이 어떻게 변하는가에 대한 질문에 답을 제공하고 변화 현상의 특성을 수학적으로 분석하는 도구가 바로 미적분입니다.

- **과속 단속 카메라(미분)**

고정식 무인카메라는 대부분 루프 방식으로, 일종의 감지선으로 카메라 전방 20~30m앞에 사각형으로 그려져 있습니다. 도로에 속도를 읽는 센서를 내장한 두 줄의 루프를 깔고, 그 사이를 지나는 차의 '시간'을 측정해 '속도'로 환산하는 것이지요. '속도=거리/시간'이라는 공식에 따라 센서를 통해 과속이 인지되면 곧바로 카메라 플래시가 번쩍 터지면서 사진을 찍게 되는 원리로 되어 있습니다.

무인 자동차 개발의 원조는 2004년 미국 국방부 산하의 국방고등기획국(DARPA, Defense Advanced Research Projects Agency)에서 주관한 그랜드 챌린지라는 대회입니다. 모하비 사막을 장거리 무인 주행하는 2004년 첫 번째 다르파(DARPA) 대회에서는 완주한 팀이 없었습니다. 그러나 2005년 대회에서는 스탠퍼드 대학의 스런(S. Thrun) 교수팀이 완주해 우승을 차지하고 2백만 달러의 상금을 차지했습니다. 스런 교수는 이후에 구글의 부사장으로 초빙되면서 구글의 **무인 자동차**(self-driving car, autonomous vehicle, driverless car, robo-car) 개발에서 핵심적인 역할을 하게 됩니다. 무인 자동차로 두각을 나타내기 이전부터 스런 교수는 로봇 개발자로 유명했습니다.

1997년 스런 박사는 독일의 버가드(W. Burgard) 교수와 함께 세계 최초로 박물관 관람 도우미 로봇을 만들었습니다. 그때부터 개발된 고난도의 로봇 기술들이 사실은 무인 자동차의 핵심이 되는 기술이라고 할 수 있습니다.

10.3. 공학에서 수학

독일의 버가드(W. Burgard) 교수가 몇 해 전 한국에 왔을 때 로봇 개발에 있어서 세계적인 연구 결과를 내게 되는 비밀에 대해서 질문한 적이 있었는데 그의 대답은 단순했습니다. '수학의 기초가 탄탄해야 한다'는 것이었습니다. 버가드 교수와 스런 교수는 '**확률론적 로봇**(probabilistic robotics)'이라는 책을 2005년에 출판했는데, 이 책은 확률론과 로봇 공학의 융합에 대한 바이블이라고 할 수 있습니다. 확률론적 로봇은 현재 로봇 공학에서 가장 유망한 분야로 자리 잡았고 로봇에 있어서 수학의 중요성을 되돌아보게 하는 대목입니다.

• 우리나라에서는 '로봇'하면 무언가를 뚝딱뚝딱 만드는 것으로 상상하는 것이 일반적이지요. 초등학교의 방과 후 학교에서 다루는 로봇 교육으로부터 시작해서, 대부분 무언가를 만드는 데 집중돼 있습니다. 로봇은 다학제적 융합 학문이기 때문에, 어느 한 부분만을 알아서는 제대로 안다고 할 수 없고 관련 공학에 대한 전반적인 지식은 물론이고, 사람과 공존하는 특성 때문에 이를 다루는 심리학, 예술, 법학 등도 필요합니다. 하지만 한 사람이 이런 모든 학문 분야를 두루 알기는 쉽지 않고 중요한 것은 로봇의 핵심적인 부분을

제대로 다루기 위해서는 수학과 같은 기초 학문이 더욱 더 비중 있게 다뤄져야 한다는 것입니다.

스런 교수가 최근 STEM(과학, 기술, 공학, 수학의 영어 첫 글자) 교육을 활성화하기 위해 유더시티(Udaciy)라는 온라인 교육 기관을 야심차게 설립한 것은 눈여겨볼 만합니다. 우리나라도 기술 교육에만 집중된 로봇 교육에 덧붙여 수학을 비롯한 기초 학문의 융합 교육에 더욱 비중을 둔다면 스런 교수와 같이 젊은 나이에 세계를 이끄는 유수한 인재들이 발굴될 수 있으리라 기대해 봅니다.

• 자동차의 물리적 형태나 구동 원리에 적용된 물리 법칙은 수학적 공식을 연구하여 주요한 3개의 원리로 정리됩니다. 스플라인 곡선(spline curve), 에피트로코이드(epitrochoid) 곡선, 뉴턴의 제 2법칙입니다.

스플라인 곡선은 자동차를 디자인 할 때 사용되었는데 몇 개의 점들을 놓고 그 점을 지나는 부드러운 곡선을 얻게 해주는 스플라인 보간법의 원리를 이용한 것입니다.

에피트로코이드 곡선은 자동차의 엔진에 사용되었고 세모꼴의 로터가 돌면서 4사이클의 동작을 완성하는 로터리 엔진이 이 곡선을 그리며 작동합니다.

뉴턴의 제 2법칙은 운전하는 자동차에서 관찰할 수 있는데, 예를 들어 1,000kg의 자동차가 50m/s^2으로 벽에 부딪힐 때의 충격력의 크기는 가속도의 법칙에 의해 50,000(kg.m/s^2)로 구할 수 있습니다. 이 외에도 나비에-스토크스 방정식과 프랙탈로 나타내지는 엔진의 진동파동, **뉴턴의 제 3법칙**(작용 반작용의 원리)이 적용되는 것을 볼 수 있는 자동차의 **스포일러**(spoiler) 등에서 수학을 찾을 수 있었습니다.

Chapter 11

통신 (Communication) 속의 수학

정보통신의 이론적 기반은 수학입니다. 수학 중에서도 기초적으로 미적분, 공업수학, 선형대수, 이산수학, 수치해석, 확률론, 통계학 등이 필요합니다.

6.1. 코딩이론(Coding Theory)

디지털은 신호체계라고 볼 수 있는데 컴퓨터나 통신에서 사용하는 신호는 0과 1이라는 숫자로만 조합되어 있습니다. 2진수 1은 양(+) 전류로 0은 음(−)전류로 각각 변환되어 헤드로 보내지게 됩니다. 신호들은 2진수의 법칙으로 아날로그를 디지털로 변화시키고 그 역으로도 사용되어 지고 우리가 지금 사용하고 있는 컴퓨터들도 모두 **디지털신호**가 숨어 있습니다. 이러한 디지털신호등은 전자시계와 신호등등 생활 모든 곳에서 사용되어 지고 있습니다.

정보기술(Information Technology)가 관련하는 분야를 보여주는 이미지입니다. 정보기술은 통신, 하드웨어, 데이터베이스, 보안, 소프트웨어, 애플리케이션, 서버, 인터넷, 네트워크, 지원 등 엄청나게 광대한 영역을 다룹니다. 위키에 "이 용어는 일반적으로 컴퓨터 및 컴퓨터 네트워크의 동의어로 사용되지만 텔레비전 및 전화와 같은 다른 정보 배포 기술도 포함합니다. 경제 내의 여러 제품 또는 서비스가 정보 기술과 관련되어 있습니다."라고 정의합니다(marketbusinessnews.com 참조).

• 요즈음 많은 분들이 **이머징 테크놀로지**, 즉 신기술에 굉장히 민감합니다. 머신러닝, 딥러닝 등 인공지능 분야에 대한 관심이 커지면서, 많은 관련자들이 사물인터넷(IoT, internet of things) 통신 기반의 머신러닝, 딥러닝 서비스에 대해 고민합니다. 어플리케이션(application)단의 응용이나 프로그래밍 랭귀지도 중요하지만 보다 근본적인 알고리즘 기저에 존재하는 수학적인 원리에 대해 공부하려는 사람들이 의외로 많습니다. 캠프도 많이 생기기도 합니다. 문제해결을 하기 위해서는 코어가 되는 알고리즘을 직접 짜야 하는데 이런 알고리즘의 대부분은 수학적인 로직이 들어가 있습니다. 수학 공식이 도출된 배경지식과 원리를 이해하면 시험문제가 이리저리 비틀어져 있어도 잘 풀 수 있는 이치와 같습니다. 근본적으로 어플리케이션이나 프로그래밍의 수준 그리고 나타나는 문제 해결 능력

을 업그레이드하기 위해서 수학적 원리를 파악하는게 아주 중요합니다. 엔지니어들도 알고리즘의 기저에 있는 수학적인 원리를 본인이 이해해야 엔지니어를 넘어 직접 새로운 알고리즘을 만들 수 있는 사이언티스트로 성장 가능합니다.

• **엔지니어와 사이언티스트가 어떻게 다를까요?** 대학 전공도 **컴퓨터사이언스**와 **컴퓨터공학**으로 나뉘는데, 두 전공에서 배우는 과목들이 대동소이하기는 하나 전자의 경우에는 수학에 좀 더 초점을 두고, 후자는 프로그래밍 자체, 즉 코딩으로 어떠한 서비스를 구현하는 것 자체에 초점을 둡니다. 코딩 자체에 집중하다 보면, 분야의 트렌드에는 빠르게 대응할 수 있으나 수학적인 기초가 부족해 장기적으로 대체 불가한 전문 인력으로 성장하는데 한계에 부딪힐 가능성이 높습니다. 수학의 선형대수, 미적분, 확률과 통계, 최적화 등의 이론들은 통신 상품 개발자에게도 핵심적으로 이해해야 하는 분야이고 어떤 알고리즘에 어떤 수학적 지식을 활용할 지를 파악하는 통찰력도 중요합니다.

• **프로그래밍 랭귀지** 등의 활용법이나 어플리케이션 구현은 온라인상에 자료가 많아서 어느 수준까지 독학이 가능하나 개발자를 위한 통계와 머신러닝 수학적 원리와 알고리즘에 대한 강의는 독학이 쉽지 않습니다. 앞으로 능력있는 개발자라면 코딩뿐만 아니라 알고리즘을 접하고 수학적 지식을 기반으로 문제를 해결하며, 필요한 로직을 직접 개발하는 전문 인력으로 거듭나야 합니다. 의상 만드는 것에 비유하자면 재단을 하고, 재봉을 하고, 지퍼와 단추를 다는 사람이 아니라 의상디자인을 만들고 어떻게 하면 더 착용감을

편안하게 할지 어떻게 하면 구김이 덜 가게 할 지 등을 고민하고, 디자인을 수정하는 사람이 되고자 하는 것입니다. 한 분야의 전문성은 지식, 경험 및 문제해결능력이라는 세 가지 요소를 모두 갖추어야 합니다.

• 지금으로부터 약 110년 전인 1912년에 영국에서 미국 뉴욕을 향해 가던 초호화 유람선 타이타닉호가 빙산에 충돌하여 침몰한 사고가 있었고 승선자 2,239명 중 70%인 1,526명은 바다에서 목숨을 잃었으나 30%의 사람들은 구조 되었습니다. 이 구조를 가능하게 했던 게 **마르코니**(Guglielmo Marconi, 1874~1937)가 발명한 **무선전신**(wireless telegraph) 덕분이었습니다. 타이타닉호의 통신기술자가 배 침몰 직전에 긴급 무선전신을 쳤기 때문입니다. 이탈리아 출신으로 학자도 아니었지만, 수리물리학적 직관과 새로운 무선 통신기술 개발에 대한 집념에 힘입어 마르코니는 무선전신의 아버지로 기억되고 있으며,1909년 무선전신을 개발한 공로를 인정받아 노벨 물리학상을 수상했습니다. 마르코니의 과학자로서의 지식과 발명가로서의 천재성이 타이타닉호 생존자들의 목숨을 당시에 구했음을 기억해야 한다 라고 당시의 뉴스는 말했습니다.

6.2. 5G 통신

요즈음은 **5세대** 5G통신시대입니다. 5G란 무엇이며 무엇이 달라졌을까요? 5G(fifth generation)란 주로 2GHz 이하의 주파수만을 사용하는 4G와 달리, 6GHz 이하 대역에서 사용하지 않았던 주파수와 함께 28GHz의 초고대역 밀리미터 주파수를 사용합니다. 그래서

4G LTE-A보다 1000배 빠른 최대 100Gbps 속도가 가능해집니다. 연결하는 데 걸리는 시간도 매우 짧아서 사물인터넷 활용이 활발해질 수 있습니다.

• **사물인터넷**(Internet of things, IoT)이란 사물끼리 인터넷으로 연결돼 서로 정보를 주고받는 기술을 말합니다. 예를 들면 스케줄러에 오늘이 시험이라고 뜨면 소식을 접한 스마트폰은 평소보다 일찍 알람을 울리고 이와 동시에 집안 전등이 켜집니다. 나갈 채비를 마치고 학생이 집을 나서면 자동으로 문이 잠기고 집안에 있는 모든 스위치도 알아서 꺼집니다. SF영화에서나 볼 수 있었던 일이 현실화되는 것입니다. 스마트폰에서 홀로그램과 입체 영상도 볼 수 있습니다. 우리나라는 2019년 4월 3일, 5G 스마트폰이 출시됨에 따라 이동통신 3사(SK텔레콤, KT, LG유플러스)에서 5G서비스를 시작하면서 세계 최초로 스마트폰 기반 5G 상용화를 달성했습니다. 세계 최초로 5G 시대를 열었고 이 기술의 중심에 수학이 있습니다.

• **5G시대**는 어떤 변화를 초래할까요? 5G의 상용화가 되면 최대 20Gbps의 '초고속' 전송이 가능해지면서 대용량 데이터 전송을 통해 VR, AR 생방송, 홀로그램 통화 등이 가능해집니다. 실제 오프라인 현실과 차이가 없는 수준의 증강 또는 가상 현실 속에서 실제로 상호작용할 수 있는 콘텐츠를 직접 만들어 낼 수도 있고, 함께 체험할 수도 있습니다. 몰입도 높은 원격교육도 실현가능합니다. 5G는 촉각수준의 동시반응 속도로 자동차 자율주행, 로봇·드론 제어 등의 '실시간' 서비스를 가능하게 하고 환자가 병원에 직접 가지 않고도 원격진료를 통해 건강에 대한 관리를 받을 수 있게 해줍

니다. 또한, 화재 · 붕괴 등 재난현상을 실시간으로 감지하고 대응할 수 있어 우리의 안전에도 도움이 됩니다. 전반적으로 우리들의 삶의 질이 크게 향상되는 새 시대에 살게 됩니다.

영화 '킹스맨(The King's Man)'에는 원탁회의 장면이 나옵니다. 하지만 실제 등장인물이 회의장에 앉아있는 게 아니라 각기 다른 장소에 있는 사람들이 증강현실(augmented reality AR)과 가상현실(virtual reality VR) 기술을 이용해 홀로그램 형태로 회의장에 앉아 있는 것입니다. 이처럼 실제 그 자리에 없지만 있는 것처럼 실감나게 구현줄 수 있는 기술적 기반이 바로 5G 네트워크입니다.

영화 킹스맨의 홀로그램 참석자들과 회의하는 한 장면 (사진 : 21세기 폭스)

• **1세대 통신**은 음성만 주고받을 수 있었고, **2세대 통신**은 음성통화에 문자메시지를, **3세대 통신**은 동영상 전송까지 가능했으며, 지금 보편화된 **4세대 통신**은 LTE(롱텀에볼루션) 기술을 바탕으로 음성, 문자, 영상 데이터를 3G 시대보다 10배 빠르게 주고받게 됐습니다.

5G 통신을 설명하는 가장 쉬운 설명은 '1차선 도로가 10차선 고속도로로 변신했다'는 표현일 것입니다. 도로가 뻥 넓어졌으니

지금보다 10배 이상 더 빠르게 음성, 영상 등을 주고받을 수 있다는 얘기이고, 2시간짜리 영화 한편을 다운 받는데 1초면 가능하단 것입니다. AR와 VR 기술을 응용해 가상의 형태로 대통령이나 내가 좋아하는 연예인이 내 방까지 찾아오게 할 수도 있습니다. 이 때문에 **'초고속'**, **'초저지연성'**, **'초연결성'** 등이 5G의 특징으로 꼽힙니다.

Chapter 12

휴대폰 속의 수학

12.1. 구글(Google)

세르게이 **브린**(Sergey Brin)과 래리 **페이지**(Larry Page)는 구글을 창립한 기업가입니다. 미국 스탠퍼드대 대학원생 2명이 1998년에 만든 구글은 2020년 기준 전세계 검색시장의 92.5%를 장악하고 있는 기업입니다.

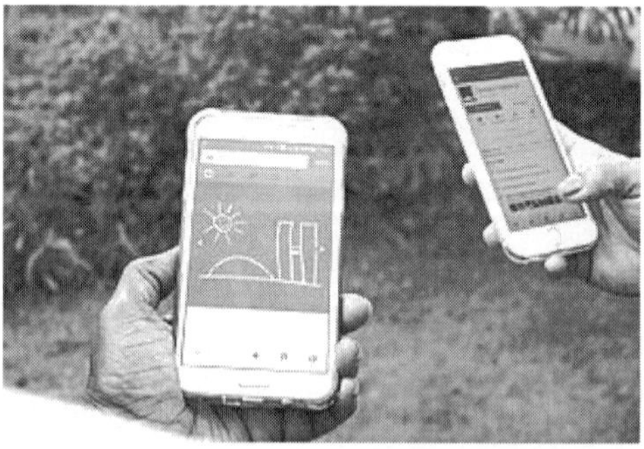

수학은 신기술 개발에서 점점 더 큰 역할을 해왔습니다. 사람들이 서로 상호 작용하고 의사소통하는 방식을 극적으로 변화시키는 가장 눈에 띄는 신기술 중 하나는 저렴하고 점점 더 안정적인 휴대폰 서비스의 출현입니다. 수학이 휴대폰 신기술에 어떻게 관여하였을까요? 휴대 전화를 걸 때 전화는 음성의 디지털 버전을 전달하는 전자 신호를 보내야합니다 (여기에서는 오류 수정 및 데이터 압축을 사용하여 수학이 작동합니다). 이 신호는 주변의 다른 휴대폰 사용자가 거는 전화를 방해하지 않는 주파수로 전송되어야 합니다. 그렇지 않으면 신호 품질이 저하되거나 최악의 경우 "전화 끊김"이 발생합니다. 휴대전화 상황에 대한 수학적 모델을 구성하는 데 사용되는 비교적 간단한 방법이 보다 현실적인 접근 방식으로 대체되었습니다. 휴대 전화 사용자가 전화를 걸고자 할 때 전화를 걸기 위해 주파수 (또는 채널)를 사용해야합니다. 이 주파수가 다른 사용자의 통화를 전달하는 데 사용되는 주파수와 같거나 너무 가까우면 간섭이 발생하거나 충분히 나쁜 경우 통화가 끊어집니다. 이러한 종류의 문제를 처리하는 데 사용 된 기술 중 하나는 약 25년 전에 이미 W. Hale에 의해 도입되었습니다.

두 사람의 인연은 1995년 스탠퍼드대 학생 오리엔테이션에서 2년 선배인 브린이 신입생인 페이지의 캠퍼스 안내를 맡은 것에서 시작됐습니다. 강한 자아와 엘리트 의식을 지닌 두 사람은 만날 때마다 격한 논쟁을 통해서 깊은 교감을 나누는 사이가 되었습니다. 비슷한 관심사와 열망을 지니고 있었던 둘은 디지털 유토피아를 만들겠다는 꿈을 공유하며 1997년 스탠퍼드대 연구실에서 혁신적인 검색엔진을 만들어냈습니다. '페이지랭크(PageRank)'라는 수학적 알고리즘을 활용해 사용자에게 중요한 순서대로 검색결과를 제공하는 서비스였고, 이는 당시 최고의 검색엔진으로 통하던 야후나 알타비스타의 검색수준을 앞서는 것이었습니다. 이것이 **구글**(Google)의 시작입니다. 이 후 구글은 인터넷 이용자들의 열광적인 지지를 얻으며 사업을 확장해 나갔습니다. 전세계 모든 정보를 긁어모으는 힘으로 광고, 신문, 방송(유투브 인수), 도서, 번역, 부동산, 지도 서비스에 걸쳐 사업 영역을 확장했지요. 뿐만 아니라 2007년에 모바일 운영체제 '**안드로이드**(Android)'를 탄생시켰습니다.

• 길을 걸으며 휴대전화로 영화 한편을 단 1-2초에 내려 받아 볼 수 있는 편리한 세상이 됐습니다. 그렇다면 어떤 원리로 파일을 빨리 내려 받을 수 있는 걸까요? 우리가 사용하는 휴대전화는 통신사 기지국에 연결돼 데이터를 주고받습니다. 대개 하나의 기지국은 반경 1km 이하의 지역에 있는 사용자에게 전파로 신호를 보냅니다. 그러면 휴대전화는 기지국에서 보낸 신호를 받아서 음성과 문자, 동영상 같은 멀티미디어 신호로 바꿉니다. 사용자가 특정 기지국을 벗어나도 서비스가 유지되도록 기지국은 벌집처럼 다닥다닥 붙어 있으며, 이때 사용자는 정해진 용량을 나눠서 사용합니다. 그래서 사람들이 붐비는 곳에서는 전송 속도가 떨어지는 경향이 있습니다. 신호는 주파수(진동수)에 실어서 전송합니다. 즉 진동하는 파동에 정보를 실게 되는데 많은 정보를 보내기 위해서는 단위시간 동안 진동횟수가 많아야 합니다. 예를 들어 20MHz의 주파수 대역을 활용해 1000~1020MHz의 주파수로 신호를 보낸다고 합시다. 이때 20MHz의 주파수 대역을 활용한다는 의미는 50ns(20분의 1MHz)마다 정보를 바꿔서 실어준다는 것입니다. 따라서 50ns마다 7.5bit의 정보를 실어서 보낸다면 7.5(bit)에서 50(ns)를 나눈 150(Mbps)의 속도를 얻을 수 있습니다.문제는 기지국 안테나에서 전자파를 보낼 때 사용자의 휴대전화의 위치를 고려하지 않고 모든 방향으로 보내고 있다는 점입니다. 따라서 실제 휴대전화의 안테나는

기지국에서 보내는 신호의 아주 일부만을 수신합니다. 그런데 이를 레이저빔과 같은 방법으로 해결해 4G보다 용량을 1000배 증가시키고, 에너지 효율을 1000배 높이는 기술이 바로 5G입니다. 즉, 기지국에 연결된 휴대전화 쪽으로만 빔을 쏘아서 전자파를 전달하는 것입니다. 그러면 에너지도 절약하고 무선 용량도 늘릴 수 있습니다.

• **사이언스 픽션**(Science Fiction) SF영화에서나 볼 수 있었던 일이 현실화되는 것입니다. 스마트폰에서 홀로그램(hologram)과 입체 영상도 볼 수 있고, 우리나라는 2020년 세계 최초로 5G 시대를 열었고, 이 기술의 중심에 수학이 있습니다.

12.2. 5G(Fifth Generation) 속의 수학

이동통신(mobile telecommunication) 시스템은 **디지털**(digital)부와 **아날로그**(analog)부로 나뉩니다. 디지털부는 컴퓨터 프로그래밍을 통해서 다양한 신호를 처리하고,오류를 감지해 수정하는 부분과 여러 개 빔의 신호를 분리하는 부분, 여러 사용자의 신호를 분리하는 부분 등이 포함됩니다. 신호를 처리하기 위해서는 트랜지스터로 만든 AND 게이트와 OR 게이트, NOT 게이트 등을 조합해 디지털 칩을 만듭니다. 그리고 여기서 신호를 수의 행렬로 나타냅니다. 실수로 나타내는 것보다 복소수로 표현하는 것이 편해 복소수로 처리하는데, 복소수의 실수부가 의미 있는 신호입니다.

수학은 신기술 개발에서 점점 더 큰 역할을 해왔습니다. 사람들이 서로 소통하고 의사소통하는 방식을 획기적으로 바꾸고 있는 가장 눈에 띄는 신기술 중에서 저렴하고 신뢰성이 높은 것이 휴대전화 서비스입니다. 휴대 전화가 올 때 전화는 디지털 버전의 음성을 전달하는 전자 신호를 보내며, 수학은 오류 수정 및 데이터 압축을 사용하여 여기에서 실행됩니다. 5G 시대가 되면서 수학의 역할은 더욱 증대하고 있습니다.

아날로그부에서는 디지털부에서 나온 신호가 실제 안테나로 전송될 수 있도록 변환합니다. 높은 주파수의 신호를 만들어주는 부분과 정보를 담고 있는 아날로그 신호를 곱해주는 부분, 원하는 주파수 대역만 걸러 주는 부분, 신호를 내보내는 안테나 부분이 포함됩니다. 여기에서 큰 수를 다루기 편하도록 로그를 사용하며, 각 소자 사이의 미 · 적분 관계를 더하기, 빼기, 곱하기, 나누기 등의 사칙연산만으로 다룰 수 있도록 **라플라스 변환**(Laplace transform)을 이용합니다. 라플라스 변환이란 복잡한 미분방정식을 풀기 쉬운 함수로 변환해 주는 방법입니다. 전자파는 전기장과 자기장으로 이뤄져 있으며 **맥스웰 방정식**(Maxwell's equation)을 통해서 해를 구할 수 있는데, 푸는 방법이 매우 어렵고 적용하는 것도 만만치 않기 때문에 여러 가지 조건으로 단순화시켜서 적용하고 있습니다.

5G 시스템에서는 높은 주파수 대역을 활용하고 다양한 빔을 만드는 기술이 쓰이기 때문에 아날로그부와 디지털부를 통합해야 합니다. 이 과정에서 수학이 아주 중요한 역할을 합니다. 우리가 매일 같이 편리하게 이용하는 휴대전화, 이 휴대전화의 통신을 더욱 빠르고 편리하게 만드는 데 수학이 꼭 필요하다는 사실을 잊지 말아야 합니다.

Chapter 13

빅데이터(Big Data) 속의 수학

13.1. 아마존닷컴(Amazon.com)

수학은 현대 과학 분야의 근간입니다. 머신러닝(machine learning)을 포함하여 현대의 데이터 과학의 거의 모든 기술에는 수학적 기초가 있습니다. 최고의 데이터 과학자가 되고자 한다면 물론 수학적 지식뿐 아니라 데이터에 대한 지식 즉, 프로그래밍 능력, 일정량의 비즈니스 통찰력, 또한 분석력 및 호기심이 절대적으로 필요하다는 것은 말할 나위도 없습니다. 예를 들면, 자동차에 대한 지식이 없는 바퀴 뒤에 서있는 사람이 되기보다는 항상 후드 아래의 기계를 아는 자동차기술자가 더 나은 것처럼 말 입니다. 멋진 알고리즘의 수학적 기계에 대한 확실한 이해는 동료들 사이에 우위를 제공할 것입니다.

• 세계 최대 온라인 몰인 **아마존닷컴**(Amazon.com)에서 책을 구입

해본 사람이라면 한 번쯤 “아마존은 어떻게 내가 읽고 싶은 책을 이렇게 잘 알고 있지?”라는 생각을 했을 것입니다. 아마존닷컴은 고객이 구입한 책을 면밀히 분석한 뒤 다음 고객이 읽을 것으로 예상되는 책을 추천하고 이를 살 수 있는 쿠폰을 제공합니다. 도저히 책을 사지 않을 수 없도록 만드는 것입니다. 또한 아마존닷컴은 5세 여아용 드레스를 구매한 고객 대부분이 여아용 머리핀과 신발 등을 함께 산다는 사실도 알아냈습니다. 이를 토대로 드레스를 구매하고도 신발을 사지 않은 고객에게 할인쿠폰을 발급합니다. 결과는 대성공입니다. 과거 데이터 분석은 고객 성향을 분류해 파악하는 수준이었다면 빅데이터 시대에는 쿠폰 발송과 같은 의사결정까지 연결되는 것입니다.

빅데이터는 회사의 고객관계관리(customer relationship management, CRM)에 이용되어 고객 충성도를 강화하고 판매량을 늘릴 수 있는 도구로 사용되고 있습니다. 장기적 관계구축을 위해 사용하는 몇 가지 방법을 소개하자면, 예측시스템인데 고객의 주소, 구매한 제품, 액세스하는 웹사이트, 고객서비스에 연락하는 시기, 소셜미디어에서 회사의 브랜드와 상호 작용하는지 여부와 같은 수많은 고객 데이터를 수집해서 회사는 고객의 행동을 예측하고 올바른 제품을 선택하여 올바른 채널

에서 올바른 사람들에게 홍보할 수 있습니다. 다음은 고객서비스 상호작용시스템으로 많은 회사에서 빅 데이터를 활용하면 보다 효과적인 마케팅 및 제품개발에 도움이 될 뿐만 아니라 고객서비스도 향상됩니다. 고객이 회사에 연락하면 담당자가 올바른 정보에 액세스하므로 고객문제를 더 빨리 해결할 수 있습니다. 고객은 이미 답변을 알고 있으므로 정보를 요청할 필요가 없습니다. 단점은 빅데이터 구축에 비용이 크게 드는 문제인데, 앞으로는 작은 회사나 점포도 점차 빅테이터를 사용 가능할 수 있도록 개발이 가속화되고 있습니다(savvycom 이미지).

전 세계 글로벌 기업들은 이렇게 고객들의 구매 패턴을 분석해서 구매성향까지 예측해내는 기술을 사용합니다. 다양한 종류의 방대한 자료 중에서 경제적으로 필요한 가치를 추출해 재가공하고 분석하는 이른바 '빅데이터 기법'을 사용하는 것입니다.

• **빅데이터**(Big Data)란 데이터의 생성 양, 주기, 형식 등이 기존 데이터에 비해 너무 크기 때문에, 종래의 방법으로는 수집, 저장, 검색, 분석이 어려운 방대한 데이터를 말합니다. 빅데이터는 인터넷의 발달로 데이터가 늘어나면서 등장했습니다. 데이터를 저장할 수 있는 메모리용량이 커지고, 처리기술이 발달함에 따라 이를 분석해 사회현상의 변화를 추적하고, 새로운 법칙을 발견할 수 있는 가능성이 커진 것입니다. 일부 학자들은 빅데이터를 통해 인류가 유사 이래 처음으로 인간 행동을 미리 예측할 수 있는 세상이 열리고 있다고 주장합니다. 이런 주장의 대표적인 학자가 미국 매사추세츠공과대학 토머스 멀론(Thomas Malone) 집합지능연구소장(MIT Center for Collective Intelligence)입니다.

13.2. 선거캠페인

빅데이터는 정보통신기술업계(ICT)에 국한된 얘기가 아닙니다. 존재하지만 포착할 수 없었던 사람들의 속내와 욕망을 파악해 숨겨져 있던 흐름을 보여주는 도구로서 빅데이터의 가치는 상상을 초월합니다. 총선, 대선 등 선거 때마다 유권자의 표심을 보여주는 방대한 **사회관계망**(SNS) 데이터들이 크게 주목을 받았던 것을 보면 빅데이터가 선거에 활용됨을 알 수 있습니다.

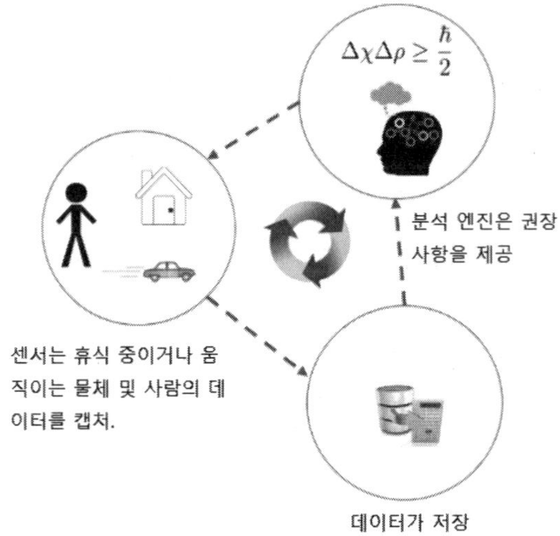

스마트 시스템 및 작동 방식

• 2012년 미국대통령선거에서 버락 오바마의 선거캠페인전략이었던 쇼셜 미디어를 이용한 빅데이터 분석과 활용은 대성공이었습니다. 오바마 캠프는 모든 데이터정보를 분석해서 맞춤형 이슈를 가지고 접촉했습니다. 인력이 많이 필요했습니다. 2012년 11월 선

거전까지 오바마 캠페인측은 15억 달러 이상 지출했으며, 1만 명이 넘는 유급직원이 2백만 명 이상의 자원 봉사자들을 이용하여 매일 66,000건 이상의 컴퓨터시뮬레이션을 실행한 총 100개 이상의 데이터분석에 참여했습니다. 그리고 맞춤형으로 측정한 아이디어를 세 가지 맞춤형 메일로 발송하였는데 첫째 투표 할 수 있는 등록 유권자 수를 늘리는 것, 둘째 유권자가 오바마에 투표하도록 설득하는 것, 셋째 실제 선거 당일 투표율을 높이는 것 이었습니다. 결국 빅데이터로의 전환 결정은 매우 성공적이었고, 이런 캠페인은 선거운동의 형태를 바꾸고 미래 캠페인의 기준을 높였습니다.

• 빅데이터 분야는 인공지능 등 주요 기술의 기반으로, 지속적인 수요 발생이 예측되는데 현재는 데이터 분석가, 데이터 과학자, 데이터 컨설턴트 순으로 인력이 부족한 상황. 게다가 타 산업 분야에서도 기업 차원의 데이터센터를 구축하는 경우가 많기 때문에 빅데이터 개발자가 많이 부족할 것이란 전망입니다. 정보를 수집한 후, 저장만 하고 분석에 활용하고 있지 않는 다량의 데이터를 다크 데이터라고 하는데, 이를 활용할 수 있도록 도메인 지식이 있는 개발자와 컨설턴트에 대한 수요가 앞으로 많아질 것이므로 빅데이터 분야의 융합형 인재 양성 전략이 필요합니다. 또한 IoT, 빅데이터 등이 활성화되면서 인프라와 사용자의 접점을 담당하는 **클라우드 컴퓨팅**(cloud computing) 서비스의 수요가 더욱 확대되고, 개인형 클라우드와 다수의 사업자가 참여하는 멀티 클라우드 시장이 확대될 것이기 때문에 하이브리드(hybrid)/멀티 클라우드 개발자와 클라우드 보안 전문 인력에 대한 수요도 많아질 것이란 예측입니다.

13.3. 패턴에 의한 예측

한 사람의 개별적인 검색 기록이나 매장 내의 움직임을 기록한 것만으로는 그 사람의 행동을 예측하기 어렵지만, 수많은 사람들에 대해 다양한 종류의 데이터를 함께 분석해보면 일정한 패턴과 법칙을 발견할 수 있고, 이를 통해 개인의 취향, 선호도, 관심사, 소비패턴, 행동 성향 등을 어느 정도 예측할 수 있습니다. 이러한 발상이 그다지 새로운 것은 아닙니다. 1990년대 미국의 대형 마트인 월마트(Walmart)는 고객들의 구매 기록을 분석하다가 재미있는 사실을 발견했습니다. 목요일과 금요일에 기저귀를 산 고객들이 희한하게도 전혀 관계없는 맥주를 함께 산 경우가 많았던 것입니다. 아마 애기가 있는 집은 주말에 멀리 나가기 어려우니 집에서 맥주나 마시며 쉬는 경우가 많았던 것 같습니다. 월마트는 이 점에 착안해서 기저귀 진열대 옆에 맥주를 함께 진열해 놓았고, 나아가서 기저귀와 맥주를 묶어서 패키지로 판매해서 많은 매출을 올렸다고 합니다. 그러나 이러한 시도는 그동안 가끔씩, 단편적으로만 이루어졌고, 실제적으로 빅데이터라는 이름으로 종합적이고 체계적으로 이루어지기 시작한 것은 최근의 일입니다. 이전에는 이동 기록, 통신 기록, 구매 기록, 금융 기록 같은 데이터를 집중적으로 분석하기에는 수집할 수 있는 데이터의 양도, 데이터를 수집하는 기술도 모자랐습니다. 그러나 IT 기술의 발달에 따라 수집된 데이터의 양은 기하급수적으로 늘어났고, 엄청난 데이터가 쌓이다보니 이전에는 거의 불가능한 것으로 보이던 **빅데이터 분석**(Big data analysis)과 이를 기초로 하는 **행동 패턴 예측** 이 가능해지기 시작했습니다.

13.4. 빅데이터의 응용 분야

빅데이터의 응용 분야는 매우 넓습니다. 실 사용 예를 살펴보겠습니다. 서울시는 어느 곳에서 어느 시간에 사람이 많이 이동하는지를 예측하기 위해서 KT의 이동통신 통화량 데이터 30억 건을 분석한 후 심야 버스의 노선을 결정하였습니다. 미국 보스톤 시에서는 **스트리트 범프**(street bump)라는 앱을 개발해 시민에게 무료로 보급했는데, 차가 도로에서 파손된 위치를 지나가면 그 충격을 앱이 감지해서 서버로 전송하고, 이 데이터를 분석해서 도로가 많이 파손된 곳, 자주 파손되는 곳을 쉽게 파악해서 도로 유지 보수에 들어가는 비용을 크게 절약하였습니다.

• CJ제일제당은 사용자들이 블로그나 SNS에 올린 6억5천만 건 이상의 메시지를 분석해서 '피곤하다'라는 내용이 가장 많은 시간대가 월요일 오후 2시 16분이라는 것을 찾아냈고, 이를 바탕으로 '피곤한 월요일 2시 16분, 푸딩(Pudding)하자!'라는 슬로건을 내걸고 **'쁘디첼 스윗 푸딩**(Petitzel Sweet Pudding)'이라는 제품을 홍보했습니다. 환경 보호 단체는 미 항공 우주국(NASA)의 위성 사진과 구글 어스 데이터를 결합하고 분석하여 삼림이 파괴되거나 재생되는 지역과 정도를 파악하였습니다.

Big data 관련하여 **Data Engineer**(DE)와 **Data Scientist**(DS)의 차이점이 궁금할 것입니다. 데이터엔지니어는 데이터베이스 및 대규모 데이터처리시스템과 같은 아키텍처를 개발, 구성, 테스트 및 유지 관리하고; 데이터 사이언티스트는 빅데이터를 정리, 메시지 및 구성합니다. 설명 통계 및 분석을 수행하여 통찰력을 개발하고 모델을 구축하며 비즈니스 요구를 해결합니다(datacamp.com 이미지).

• 빅데이터는 필연적으로 두 가지 문제점에 도달하는데, 하나는 개인 정보나 사적인 영역에 해당하는 데이터를 함부로 모았을 때의 문제이고, 다른 하나는 서로 다른 다양한 형태의 데이터를 종합해서 관리하고 분석하여 결론을 끌어내는 '**데이터 과학자**(data scientist)'의 양성입니다. 다행스럽게도 빅데이터를 활용하는 많은 기업에서 개인 정보나 사적인 데이터는 개인별 집계나 추적을 하지 않고 통계 자료로만 활용하고 있으며, 정보 보호에도 많은 힘을 쏟고 있습니다. 데이터 과학자라는 직업은 데이터를 처리하는 공학적 능력뿐만 아니라 인간 생활을 종합적으로 바라볼 수 있는 인문학적

능력을 고루 갖추어야 하는데, 미국에서 매우 유망한 직종으로 각광받고 있으며, 약 20-30만 명이 더 필요할 것으로 예상되고 있습니다.

Chapter 14

소셜미디어 (Social Media) 속의 수학

14.1. 소셜 연결망(Social Network)

사회 속의 사람들, 뇌 안의 **뉴런**(neuron)들, 인터넷상의 웹 페이지들은 각각의 연결 관계로 모두 **네트워크**(network)의 실례들이라 할 수 있습니다. 수학자들은 연결의 개수와 분포와 같은 네트워크의 특성을 연구하는데, 그것은 그러한 속성이 네트워크 고유의 본질에 대해 어떤 것을 알려줄지 알기 위함입니다.

• 1960년대 한 실험에서 미국 중서부에서 무작위로 뽑은 100명이 넘는 사람들이 매사추세츠 주의 증권 중개인과 (친구의 친구의 친구 등등으로) 평균 6단계를 통해 관계가 있는 것으로 밝혀졌습니다. 미국의 절반을 가로지르는 거리에 있는 사람들이 이 정도로 가깝게 연관되어 있다는 이 실험결과는 꽤 놀라웠고, 나아가 훨씬 큰 네트워크도 "작은 세상"일 수 있다는 것을 입증하였습니다. 오늘날 연

구자들은 **그래프이론**(graph theory)과 **확률론**(probability theory)에서 나오는 매개변수를 이용하여 네트워크를 해석하며 전력망이든 정교한 네트워크들도 결국 "작은 세상"인지 알아내기 위해 네트워크를 분석하고 있습니다.

소셜네트워킹 및 데이터 연결 개념으로 성공적인 소셜미디어 사용전략의 3가지 열쇠는 가치(value)를 제공하고, 소셜이 되며(being social), 소셜미디어를 강력한 도구로 일관되게 자주 사용하는(consistently and frequently)마케팅 입니다.

• 수학은 현대인의 삶과 뗄 수 없는 **소셜네트워크서비스**(SNS)를 가능하게 해 줍니다. 페이스북의 친구 찾기 기능은 수학의 선형 프로그래밍 및 그래프 이론을 통해 구현됩니다. 이 두 수학 이론은 7억 명의 페이스북 이용자가 만들어내는 700억 개의 연결을 분석해 친구 찾기 시간을 반으로 줄여주고 네트워크 트래픽을 3분의 1 수준으로 줄여줍니다.

• 남녀노소가 즐기는 **영화**와 **애니메이션**, **비디오게임**에도 수학이 적용됩니다. 수학의 한 분야인 기하학과 미적분, 선형대수학은 화면 속 캐릭터와 장면을 입체적, 사실적으로 보이게끔 디자인해주

며, 영화 **'아바타'**같이 디지털로 구현되는 애니메이션에서 빛의 반사와 굴절, 머리카락 표현, 피부 질감 등은 기하학, 선형대수학, 편미분방정식, 벡터해석학을 기반으로 창조되었습니다.

• 해외 사이트에서 물건을 살 때 자주 이용하는 번역 서비스는 수학의 확률론, 통계학(statistics), 그래프 이론을 기반으로 합니다. 수학은 여러 개의 언어 속 수억 개의 단어와 어구를 분석 · 매칭하여 언어와 언어를 연결하는 다리가 되어줍니다.

• 수학이 널리 이용되는 또 다른 분야는 스포츠입니다. 미분방정식과 벡터해석학을 활용하면 외부 저항을 최소화한 선수 유니폼을 만들 수 있을 뿐만 아니라 육상선수가 어떤 각도로 창을 던져야 멀리 날아갈지도 수학이 알려줍니다. 의학 발전에서도 수학은 큰 역할을 합니다. 그래프 이론을 응용한 수학 알고리즘은 신장 이식을 기다리는 환자들이 최대한 빨리 최적의 기증자를 찾도록 도와줍니다. 암을 치료할 때도 기하학, 편미분방정식, 정수 선형 프로그래밍(integer linear programming)이 활용되고 실시간으로 데이터를 처리해 종양 치료가 최적화될 수 있게 합니다. 오늘날 일상의 일부로 누구나 당연하게 받아들이는 내비게이션 서비스도 수학이 없으면 태어나지 못했을 기술인데 **위성위치확인시스템**(GPS)의 기능 대부분은 산술, 대수학, 기하학에서 비롯됐기 때문입니다.

• 몇 해 전 여름, **아이스버킷 챌린지**(Ice Bucket Challenge)가 세상을 뜨겁게 달군 적이 있습니다. 근위축성 측색 경화증(amyotrophic lateral sclerosis), 이른바 루게릭 병(Lou Gehrig's disease)에 대한 관심을 불러일으키고 기부를 독려하기 위한 이벤트였습니다. 원래는 얼

음물을 뒤집어쓸지, 아니면 100달러를 기부할지 선택하는 식이었지만, 곧 얼음물을 뒤집어쓰면서 SNS에 사진 올리고 기부도 하는 게 유행이 됐습니다. 여기에 유명 정치인이나 연예인과 빌 게이츠 같은 유명인사가 참여하면서 전 세계로 번져나갔는데, 과거 같으면 몇 명만 참여하고 끝났을 법한 이벤트가 전 세계로 퍼져나간 것은 페이스북(Facebook)이나 트위터(Twitter) 같은 소셜 네트워크 서비스 덕분이었습니다.

아이스버킷 챌린지로 루게릭 질병 연구를 위한 기금 마련으로 고안된 '100불 기부 혹은 찬물 뒤집어쓰기' 도전은 인터넷에 폭풍처럼 휘몰아갔습니다. 기부와 찬물 뒤집어쓰기를 동시에 한 것이지요. 협회는 1,700만 명 이상이 참여하여 총 1억 1천5백만 달러(14억 원) 이상이 모금되었고, 치료약물 연구개발, 환자 및 지역사회서비스, 공공 및 전문교육, 그리고 2%는 기금 모금에 사용되었다고 발표하였습니다(구글 참조).

14.2. 복잡계 연결망(Complex Network)

복잡계 연결망(Complex Network)의 뿌리는 그래프 이론입니다. 최근에는 이목을 집중시키는 기사나 제품이 나오면 바로 자신의 SNS(소셜 네트워크 서비스)에 이를 올리고 자신의 의견을 달아 많은 사람과 소통합니다. 때로는 의견이 다른 사람과 설전을 벌이기도 하고, 특정 사건에 의혹을 제기해 문제를 해결하기도 합니다. 이처럼 SNS의 활용이 커지면서 마케팅이나 정치 전략에 이용하기 위해 SNS 연결망을 연구하는 일이 많아졌습니다. 이를 '복잡계 연결망' 연구라고 합니다.

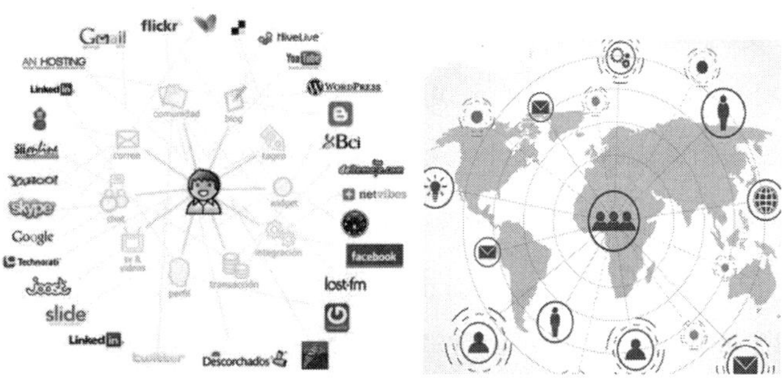

요즘에는 소셜네트워킹 사이트(Social Networking Sites, SNS)끼리 복잡하게 연결되어 있습니다.

• 복잡계 연결망은 수많은 구성요소로 이루어진 시스템 내에서 벌어지는 다양한 상호작용과 변화 등을 다룹니다. 그런데 이 연구의 뿌리를 찾아 올라가면 수학의 한 분야인 '그래프 이론'을 만나게 됩니다. **그래프 이론**(graph theory)이란 특정 집단 내의 대상들 간의 관계를 그래프로 나타내는 것으로, 18세기 **오일러**(Euler)가 **쾨니히스**

베르크의 다리 문제(Königsberg's bridge problem)를 다룬 것에서 기원을 찾을 수 있습니다. 복잡계 연결망은 방대한 양의 연결망 정보를 수집하고 처리하는 데 한계가 있었기에 발전 속도가 그다지 빠르지 못했습니다. 하지만 최근에는 급속도로 발전하고 있는 컴퓨터 기술과 인터넷의 발달로 인해 예전에는 상상할 수 없었던 수준의 자료를 확보하고 계산할 수 있게 되었습니다. 이로 인한 복잡계 연결망 이론 분야의 발전은 가히 개벽이라 불릴 만한 변화를 겪으며 초고속 성장을 거듭하고 있습니다.

• SNS 친구 수는 **거듭제곱분포**(power-law distribution)을 따릅니다. 가끔 우리가 사는 세상이 너무나도 좁다고 여겨질 때가 있습니다. 몇 다리만 건너면 유명인이 나와 연결되기도 하기 때문이지요. 이 같은 특성을 '좁은 세상 현상'이라고 합니다. 사람들 간의 관계를 유심히 살펴보면 유난히 많은 사람과 친분을 맺고 있는, 소위 '**마당발**(Madangbal; be well-connected)'이 존재한다는 것을 알 수 있습니다. 마당발이 생기는 이유를 연결망의 진화 관점에서 설명한 것이 '척도 없는 연결망'인데, 여기서는 우리가 생각했던 것보다 더 많은 수의 마당발이 존재합니다. 친구 수의 분포가 '거듭제곱분포'를 따르기 때문입니다. 거듭제곱분포는 각종 자연과 사회현상에서 벌어지는 사건의 관련성을 표현하는 모델입니다.

• SNS에서는 복잡계 연결망을 이용해 소셜 네트워크가 가지고 있는 여러 정보를 이용하여 사용자에게 적합한 친구를 추천합니다. 단순한 친구 추천을 넘어서서 어떤 사람이 SNS에서 가장 영향력이 있는 사람인지, 어떤 방식으로 의견을 전파해야 가장 효과적인지도

연구합니다. 이는 기업의 마케팅이나 선거 전략에도 응용되고 있습니다. 놀라운 것은 단지 마당발에 해당하는 사람을 공략하는 것이 능사는 아니라는 점이고, 겉보기엔 비슷하지만 더 중요한 마당발이 있기 때문입니다. 가령 본인만 마당발이고 친구들은 마당발이 아닌 사람보다는 친구들도 모두 마당발인 사람이 중요합니다.

• SNS에서는 마당발의 정의 또한 다양합니다. 한 예로, 트위터에서 **팔로워**(follower)가 많은 사람과 리트윗(retweet)을 많이 받는 사람 중 어떤 사람이 마당발일까요? 이를 알아내기 위해 각 연결망이 갖는 특성을 이해하고, 연결망 내에서의 정보 확산이 어찌 이루어지는지에 대한 연구가 이뤄지고 있습니다. 그래야 진짜 마당발을 찾아 전략을 펼칠 수 있기 때문입니다.

• 교통망, 전력망, 인터넷과 같은 **공간 연결망** 역시 복잡계 연결망의 연구 분야입니다. 복잡계 연결망의 연구를 통해 도로와 대중교통 노선을 최적화하는 데 기여할 수 있기 때문입니다. 우리나라는 이런 연구를 하기에 상당히 좋은 환경을 갖추고 있습니다. 고속도로를 진 · 출입할 때, 지하철과 버스를 승하차 할 때 많은 사람들이 **하이패스**(HI-pass)와 **티머니**(T-money)와 같은 비접촉식 카드를 사용하고 있기 때문입니다. 즉, 이를 통해 모든 차량과 승객의 이동 경로와 같은 정보가 상당히 자세하게 저장되고 있으며 이 덕분에 사람들의 교통수단 이용 패턴을 분석하고, 교통 노선을 바꾸었을 때 전체 노선에 미칠 수 있는 영향을 살펴보기가 용이합니다.

• 전력망과 인터넷망은 안보와 연결된 연구 분야이기도 합니다. 최소의 공격으로 사회 전체의 전력망이나 통신망을 망가뜨리거나,

백신의 방어가 이루어지기 전 가장 많은 피해를 입힐 컴퓨터에 **바이러스**(virus)를 살포하는 전략은 미래 전쟁의 핵심이 될 가능성이 높습니다. 예로, 우리나라에서 해외로 연결되는 국제전화나 인터넷은 모두 관문 역할을 하는 몇 개의 전화국을 통합니다. 따라서 모든 전화국을 공격할 필요 없이 이들 관문 전화국에 타격을 입히면 국가 전체의 통신망을 망가뜨릴 수 있습니다. 실제로 오래 전 서울의 한 전화국에 화재가 발생했을 뿐인데 국제전화 전체가 불통된 적이 있습니다. 하지만 마당발에 해당하는 '**허브**(hub)'를 공격하더라도 전체가 마비되지 않는 경우도 있습니다. '**브리지**(bridge)'로 연결한 경우로, 망가진 회선만 차단하면 다른 회선에 피해를 주지 않으며, 브리지란 문제가 생겼을 때 막을 수 있도록 회선을 여러 개로 나눠 놓는 것입니다.

• 복잡계 연결망 분야의 역사는 길지 않습니다. 연구의 바탕이 되는 데이터가 쌓인 게 불과 15년 정도로 그리 오래되지 않았기 때문입니다만, 요즘 들어 엄청나게 쌓이는 데이터의 양을 보면 앞으로 무궁무진한 가능성을 갖고 있습니다. 복잡계 연결망 연구가 우리 사회의 복잡한 문제를 해결해 삶을 더욱 편리하고 효율적으로 만들어 줄 날을 기대해 봅니다.

소셜미디어(social media)와 복잡계 연결망(complex network)에서 보듯이 수학은 한국뿐 아니라 거의 모든 나라에서 현재 가장 중요한 과목입니다. 수학계는 수학이야말로 세상을 논리적으로 이해할 수 있는 '언어'이며 특히 4차 산업혁명시대에 고도화된 기술과 산업의 발전을 이끌 '도구'라고 말합니다.

Chapter 15

드론(Drone) 속의 수학

15.1. 드론의 구조(Drone Structure)

4차 산업혁명시대에 주목 받는 기술들이라면, **인공지능**, **사물인터넷**(Internet of Things), **나노 기술**, **양자 컴퓨팅**(quantum computing)과 함께 **드론**을 말할 수 있습니다. 2018년 평창 동계올림픽에서 1218대의 드론이 공간적으로 배치돼 밤하늘에 오륜기를 수놓으면서 드론에 대한 관심이 높아졌습니다. 드론이란 무선 전파로 조종하고, 자율 운항이 가능한 무인 이동체이며, 드론의 종류와 기능이 매우 다양해졌고, 요즘에는 드론으로 찍은 영상도 TV나 인터넷에서 흔히 볼 수 있습니다. 물건을 배달하거나 논밭을 관리하고 사람을 구조하는 등 쓰임새도 다양해지고 있습니다.

• 비행의 기본은 **평형감각**(static sense)입니다. 드론의 몸이 한쪽으로 기울거나 요동치면 순식간에 추락해버릴 수 있기 때문입니다.

드론(drone)이 균형을 잘 유지한다면 아마 커피 잔을 올려놓은 채 비행할 수 있을 것입니다. 드론이 받는 힘과 움직임 사이의 관계를 수학적으로 표현한 것이 '**뉴턴-오일러 방정식**(Newton-Euler equation)'입니다. 뉴턴-오일러 방정식으로 미분방정식을 세우고, 이 미분방정식을 풀면 시간에 따라 힘이 변할 때 드론의 자세와 위치가 어떻게 변하는지 예측할 수 있습니다.

지난 몇년 동안 드론의 발전이 눈부십니다. 일부 사람들은 작은 장난감 장비에 불과했던 드론을 카메라를 가진 사람을 태울 수 있는 소형 항공기로 만들기도 하고, 두바이에서는 몇년 내로 드론택시도 실용화할 계획이라고 하며, 해저에서 해류나 물고기 탐험으로 이용하기도 합니다 (위키미디어 이미지 참고).

• **뉴턴의 제2법칙** F = ma는 '질량이 m인 물체에 F의 힘을 가하면 a만큼의 가속도가 생긴다'는 것입니다. 뉴턴-오일러 방정식은 이 법칙을 x축, y축, z축의 세 직선 방향과 이 세 축을 기준으로 각각 회전하는 세 방향까지 총 6가지 방향에 대한 움직임으로 확장한 것이며, 프로펠러(propeller)가 부러져도 날 수 있습니다. 프로펠러의 개수에 따라 4개면 쿼드콥터, 6개면 헥사콥터, 8개면 옥타콥터로 나뉩니다. 프로펠러가 속력을 조절하면서 방향과 자세를 잡고 비행합니다. 출렁이는 배 위에서 노를 저어 나아가거나 균형을 잡는 원리와 같습니다. 오른쪽 프로펠러를 왼쪽 프로펠러보다 빠르게

돌리면 왼쪽으로 기울며 날아가고, 반대로 왼쪽을 빠르게 돌리면 오른쪽으로 갑니다. 모든 프로펠러를 같은 속도로 돌린다면 공중에 떠 있을 것이고, 중력을 이길 정도로 더 빠르게 돌리면 위로 올라가겠죠. 만약 프로펠러 4개 중 하나가 부러지거나 고장이 난다면 드론은 어떻게 될까요? 프로펠러 3개만 돌아가면, 드론은 한쪽으로 기울다가 그대로 추락할 것입니다. 이때 필요한 것이 '**자동안전장치 알고리즘**'입니다. 이 알고리즘은 드론이 계속해서 회전 상태를 유지할 수 있도록 만들어 추락을 방지합니다. 아직은 프로펠러가 3개, 5개인 드론은 개발되지 못한 이유는 추락을 방지하는 자동안전장치 알고리즘에서 프로펠러 고장 시 균형유지에 적합치 않아서 일 것입니다. 드론은 시동이 멈추면 추락하는데 이게 보완이 필요한 큰 단점입니다.

15.2. 산업혁명의 정의

여기에서 4차 산업혁명의 꽃인 드론에 대해 더 깊게 들어가기 전에 산업혁명의 정의에 대해 간략히 짚고 넘어가려고 합니다.

1차 산업혁명은 18세기 후반 증기기관 등의 발명으로 공장에서 대량생산이 가능해진 시대로의 전환으로 기계가 인간의 힘을 대체했던 시대입니다. **아놀드 토인비**(Arnold Toynbee)가 이를 **산업혁명**(industrial revolution)이라 지칭하였습니다.

2차 산업혁명은 20세기 초 전기(electricity) 도입으로 제조업이 획기적으로 발달하여 인간의 육체노동을 기계가 전면적으로 대체하던 시대입니다.

3차 산업혁명은 20세기 후반 컴퓨터 기술의 발달로 사무자동화(office automation)를 통해 인간의 사무노동을 컴퓨터가 대체하며 효율성이 증대되었습니다.

4차 산업혁명은 21세기 초 컴퓨터의 향상과 인터넷 연결을 거치며 인공지능 기술의 발달을 통해 인간의 인지(recognition)와 판단(judgment)까지 기계가 대체할 수 있게 되는 시대입니다. 현재 우리는 이미 4차 산업혁명의 시대로 접어들었고 인공지능은 우리 주위에 널려있으며 정보와 데이터분석의 비약적 발달과 컴퓨터 성능의 향상이 인공지능 기술을 가능하게 하고 있습니다.

미래의 드론(drones of the future)을 보면 농업, 의료, 소방관, 생태계 지킴이, 택배아저씨, 정찰 군인, 경찰 등의 업무수행으로 그 가능성과 잠재력은 무궁무진한 것으로 보입니다. 앞으로의 시대에는 드론의 대형화, 소형화, 특수목적화가 눈부시게 진행될 것으로 보입니다(구글 이미지).

15.3. 드론의 미래

드론의 미래는 어떻게 될까요? 다이내믹 드론 기술로 게임을 바꾸는 커리어를 시작하는 것도 나쁘지 않을 것입니다. 군사 혁신, 흥미진진한 취미, 상업용 산업을 변화시키는 기술에 이르기까지 드론의 사용은 지난 몇년 동안 급격히 변화해 왔으며, 향후 현장에서의 기회는 그야말로 무한하다고 봅니다. 이미 무인 항공기라고 하는 드론은 회사의 비즈니스 장벽을 뛰어 넘고 있습니다. 아마존과 구글과 같은 대기업들은 드론과 함께 패키지를 택배하는 방법을 테스트하고 있는 중이고, 페이스북은 드론을 사용하여 오지에 인터넷 연결을 제공합니다. 그리고 무인 항공기를 사용하여 타코(taco)를 문에 배달하는 스타트업도 이미 있습니다.

• 드론을 이용하는 비즈니스는 다만 배달, 물류 분야를 뛰어넘어 농업분야에서 가축과 측량작물 관리에 전략적으로 사용가능하고, 생태계 보존을 위하여 무인 항공기로 멸종위기 종을 모니터링하여 매핑하는 노력에 이용할 것이며, 재난과 구호분야에서 무인 항공기는 사람이 접근 할 수 없는 위험한 장소 수색과 구조활동 및 원격 비상용품 전달의 이상적인 솔루션으로 이용될 것이며, 영화 제작 및 사진 촬영 분야에서는 저예산으로 영화 제작이 가능하게 되며, 공공 법집행 분야에서도 무인 항공기가 공공행사장에서 경찰의 존재를 보완 할 것으로 보이며, 아마 부동산 분야에서는 드론을 이용하여 집안의 모든 방으로 날아가는 드론으로 캡처한 고화질 비디오로 매매시장의 판도를 완전히 바뀔 수 있습니다.

Chapter 16

로봇(Robot) 속의 수학

16.1. 4차 산업혁명(Fourth Industrial Revolution)

2016년 스위스 다보스에서 열린 세계경제포럼(WEF: World Economic Forum)은 **4차 산업혁명**(Fourth Industrial Revolution)시대의 시작을 알렸습니다. WEF에서 4차산업혁명을 '물리적 영역, 디지털 영역, 생물학적 영역의 경계가 허물어지는 **융·복합산업혁명**'이라고 정의하면서 현재 이후가 4차 산업혁명시대라고 명명하였습니다. WEF에서 4차 산업혁명이 무엇인지 논의된 이후, 세계 각국은 4차 산업혁명이 가져올 변화에 대비하고 무한경쟁에서 우위를 선점하기 위하여 다양한 정책과 기술개발 계획을 발표하며 이를 구체화할 전략에 돌입하였습니다.

• 우리나라도 4차 산업혁명시대를 보다 혁신적으로 대비하기 위하여 교육방향의 지향점도 정하였고, 핵심적인 방향을 '창의·융합

형 인재' 양성에 두고서 교육정책 마련을 준비하였습니다.

구분	주요 변화 동인
독일	빅데이터, 로봇, 자율주행 물류자동차, 스마트 공급망, 자가조직화 기술 등
영국	바이오 및 나노 테크놀로지, 차세대 컴퓨터, 가상현실, 홀로그램, 3D 프린팅 등
미국	클라우드, 자동화기술, 센서 및 커뮤니케이션 기술, 3D프린팅, 소프트웨어, 사물인터넷, 자율주행자동차 등
호주	클라우드, 사물인터넷, 빅데이터, 인공지능, 로봇 등

4차 산업혁명기에 주요 선진국의 전략적 포커스입니다.

세계경제포럼은 아래표처럼 미래인재의 핵심역량스킬을 제시하였는데, 능력(ability)에서는 육체적 능력(4%)보다 인지적 능력(15%)이 더 중요하고, 기초스킬(basic skills)에서는 콘텐츠 스킬(10%)보다는 프로세스 스킬(18%)의 중요성이 더 클 것으로 예견했으며, 복합기능적 스킬(cross-functional skills)에서는 기술적 스킬(12%), 자원관리 스킬(13%)보다는 복잡한 문제의 해결능력(36%)과 사회적 스킬(19%)이 더 중요해질 것으로 전망했습니다. 요컨대 **지능정보기술**을 구현하고 다양한 산업에 지능정보기술을 접목할 수 있는 핵심역량을 보유한 전문 인재 확보가 매우 중요하다고 하였습니다.

구분(%)	기초/인프라		소비재		에너지		금융서비스		보건		정보통신기술		미디어		이동수단		전문 서비스		평균	
	현재	2020	현재	2020	현재	2020	현재	2020	현재	2020	현재	2020	현재	2020	현재	2020	현재	2020	현재	2020
복합문제해결 능력 (Complex Problem Solving Skills)	42	33	28	31	49	38	35	39	35	36	36	46	-	-	32	24	35	38	36	36
사회적 능력 (Social Skills)	17	17	26	27	27	28	32	23	30	28	20	19	27	32	22	20	26	24	20	19
공정 능력 (Process Skills)	10	19	21	22	24	29	36	34	25	36	26	25	27	31	18	22	37	29	18	18
체계적 능력 (Systems Skills)	22	26	28	25	24	18	23	22	-	-	26	24	-	-	16	23	16	16	16	17
자원관리 능력 (Resource Management Skills)	21	15	38	35	29	24	20	20	-	-	16	19	28	32	26	28	24	29	14	13
기술적 능력 (Technical Skills)	25	20	20	18	29	22	5	16	-	-	22	20	-	-	26	21	19	18	14	12
인지 역량 (Cognitive Abilities)	10	19	13	25	-	-	15	23	35	36	20	23	-	-	11	27	19	22	11	15
콘텐츠 능력 (Content Skills)	6	13	-	-	-	-	22	24	-	-	19	18	-	-	22	28	11	15	10	10
신체적 역량 (Physical Abilities)	-	-	-	-	-	-	-	-	-	-	-	-	-	-	-	-	-	-	5	4

• 로봇의 구성

로봇은 제4차 산업혁명시대에 주요국가가 역점을 두는 핵심분야입니다. 로봇은 크게 제조공장에서 조립, 용접 등을 수행하는 산업용 로봇과 환경을 인식하고 스스로 판단하는 기능을 가진 지능형 로봇으로 구분됩니다. 다양한 로봇이 우리 삶에 익숙해지기까지 수많은 연구가 있었으며 그 바탕에는 수학이 있습니다.

로봇 공학에서 가장 흥미로운 분야 중 하나는 학습 능력입니다. 로봇은 한번 수행하는 방법을 정확히 배우면 매번 하는 일을 알려주지 않아도 됩니다. 인간은 늘 변하고 두뇌도 생물학적 학습 기계인 고로 같은 수행 작업도 새로운 시도를 해봄으로 과제를 더 잘 수행합니다. 로봇은 카메라, 초음파 등에서 감각 정보를 받아 그 정보로 무언가를 합니다. 인간이 감각정보를 가지고 행동하듯이 로봇들도 현명하게 행동하고, 벽을 피하거나 웃는 얼굴을 인식하고 그것을 향해 움직입니다.

로봇과 수학의 연계에 대해서 살펴보려 합니다.

• 사람의 신체부위 중 가장 먼저 로봇형태로 만들어진 것이 바로 팔과 손이며 사람을 도와 다양한 작업을 하도록 개발되었습니다. 제조공장에서 널리 사용되고 있는 로봇팔(robot arm)은 시간이 지나면서 더 유연하고 부드러운 협업 로봇이 등장했고 로봇팔이 사람과

함께 작업하는 모습이 더 이상 낯설지 않습니다. 이러한 로봇에 쓰이는 수학 분야는 바로 **행렬**(matrix)입니다. 행렬의 **행렬식**(determinant)은 여러 개를 곱해서 물체의 이동을 나타낼 수 있습니다. 로봇팔(robot arm)의 관절(joint)이 4개라고 가정했을 때 각 관절사이에 위치 관계를 설명해주는 행렬식 4개를 이용하면 관절마다 움직이는 방향과 거리를 알 수 있습니다. 수학적 계산으로 만들어지는 로봇팔은 사람의 생명을 다루는 의료분야까지 진출하여 수술 중 의사의 손동작이 그대로 구현되기도 합니다. **의료로봇**(medical robot) 다빈치(Da Vinci)는 수술공간과 시야확보가 용이하고 정교한 수술이 가능해 많은 나라에서 의료분야에 활용하고 있습니다.

• 그리고 4차 산업혁명시대로 접어들면서 산업용 로봇을 넘어서 인공지능이 탑재되어 상황판단과 자율동작기능이 가능한 지능형 로봇이 등장했습니다. 기본적으로 인공지능 로봇은 수학을 기반으로 한 **딥러닝**(deep learning) 기술이 적용돼 스스로 데이터를 학습하고 처리할 수 있습니다. 사물을 인식하거나 맛을 보는 등 사람의 감각 기능을 흉내낼 수 있을 정도로 발전했습니다. 시각기능의 경우 수많은 숫자들의 조합으로 물체를 인식할 수 있고 후각과 미각 역시 로봇의 장착된 센서가 만든 전기적인 자극을 수식화하여 측정해 감각의 종류를 구별할 수 있습니다. 로봇이 위치를 파악하고 길을 찾을 수 있는 방법에도 수학은 중요한 역할을 합니다. 주변 지형지물과 저장된 좌표를 비교하여 로봇 스스로 위치를 파악하게 됩니다. 행렬 이외에도 위상수학, 조합론, 최적화이론, 미분, 통계학 등 다양한 이론이 함께 적용돼 지능을 갖춘 안전한 로봇이 만들어지고 있습니다.

• **로봇의 활용**

• **시각 로봇**의 예를 보다 자세히 들자면, 256개의 숫자로 표현하는 시각정보를 로봇의 눈에 해당하는 디지털카메라는 '전하결합소자'라고 하는 기록 장치에 기록합니다. 이때 결과적으로 로봇이 인식하는 것은 물체의 형태가 아닌 수많은 숫자의 조합인데 이점은 사람의 눈과는 차이가 있습니다.

• **미각 로봇**도 그래프로 맛을 느낍니다. 인간이 맛을 감지하는 장소는 미각세포가 모여 있는 **혀의 '미뢰**(taste buds)' 부분입니다. 미뢰 속에 흩어져 있는 맛세포가 음식 속에 들어 있는 화학물질과 반응해서 뇌로 전기 신호를 흘려보냅니다. 뇌는 이 신호를 받아서 단맛과 신맛, 짠맛, 쓴맛, 감칠맛을 인식하지요. 전자혀는 이처럼 인간이 맛을 느끼는 원리를 이용합니다. 이때도 생물학과 수학을 융합한 방법이 활용됩니다. **전자혀**는 다섯 가지 맛에 해당하는 화학성분에 반응하는 여러 종류의 센서로 이루어져 있습니다. 각 센서에서 감지한 자극의 세기는 컴퓨터에서 수학적인 계산을 거친 뒤, 음식의 전체 맛을 나타내는 그래프로 표시됩니다. 이때 자극의 전기 신호를 맛의 세기로 변환하는 수식이 바로 독일의 생리학자 에른스트 베버와 물리학자 구스타프 페히너가 만든 '**베버-페히너의 법칙**'입니다.

• **베버-페히너의 법칙**(Weber-Fechner Law)은 감각기관을 통해 느낀 감각의 양(S)이 자극 강도(I)의 로그값에 비례한다는 것으로, $S=K \times \log I + C$로 나타냅니다(K와 C는 감각기관에 따라 다른 값의 상수). 즉 전자혀가 감지한 자극의 세기를 위의 식에 대입하면, 측정

하고자 하는 음식에서 단맛과 신맛, 짠맛, 쓴맛, 감칠맛의 양이 각각 얼마나 되는지 구체적으로 알 수 있습니다.

• **위치 로봇**은 '**확률적 과정**(stochastic process)'으로 위치를 파악합니다. 우리는 특별한 위치나 지형지물을 기준으로 목적지를 설명하기도 하는데 로봇이 길을 찾아갈 때도 똑같은 방법을 활용합니다. 우선 관측된 지형지물과의 거리 정보를 이미 저장된 지도와 비교해서 자신의 위치를 파악합니다. 그런 뒤 로봇은 자신의 위치를 기준으로 저장되어 있는 다양한 지형지물이 어디에 있을지, 다음에 어떤 사물이 나타날지도 지도 위에 표시합니다. 이처럼 로봇이 자신의 위치를 판단하고, 곧 나타날 지형지물을 예측하는 데 쓰이는 수학적 기법을 '**마르코프 과정**(Markov process)'이라고 합니다. 마르코프 과정은 러시아 수학자 안드레이 마르코프(Andrey Marcov, 1856-1922)가 만든 확률적인 방법으로, 과거의 사건을 통해 미래를 예측하고자 할 때 많이 쓰입니다.

예를 들어 로봇이 움직이면서 관측한 지형지물이 패스트푸드 맥X널드점과 천문대라고 했을 때, 그와 비슷한 지점은 한국에도 여러 곳이 있을 수 있습니다. 마르코프 과정은 바로 직전에 관찰한 결과를 토대로 그 지점이 원하는 곳일 확률이 얼마인지를 알려 줍니다. 로봇은 마르코프 과정으로 판단한 위치 정보를 이용해 이후에 나타날 지형지물을 예측하는데, 이때도 '정지선이 등장할 확률이 얼마', '광화문이 나타날 확률이 얼마'와 같은 방식을 씁니다.

• 냄새를 맡고 길을 찾는 로봇을 봅시다. 로봇은 길을 찾을 때 소리와 냄새 같은 다양한 감각 정보까지도 이용합니다. 특히 냄새 정

보로 길을 찾는 방법을 이용하면 가스 누출 현장처럼 위험한 곳이나 어두운 곳에서 사람을 대신해 적절한 조치를 할 수 있어 유용합니다. 로봇공학자들은 매 순간 유체가 흘러오는 방향을 인식하는 센서와 냄새의 강도를 측정하는 센서를 로봇에 설치합니다. 로봇은 두 센서로 받아들이는 자극 정보를 분석해 냄새가 나는 위치를 찾아 계속 이동할 수 있지요. 이때 냄새 자극의 강도가 세다는 것은 냄새를 풍기는 화학물질의 밀도가 높다는 것을 의미합니다. 자극의 양은 전자혀와 마찬가지로 베버-페이너의 법칙에 따라서 측정된 자극의 강도로부터 계산할 수 있습니다. 즉, 냄새를 맡고 길을 찾는 로봇은 냄새의 방향과 밀도를 매 순간 파악하면서 목적지를 추적하는 것입니다.

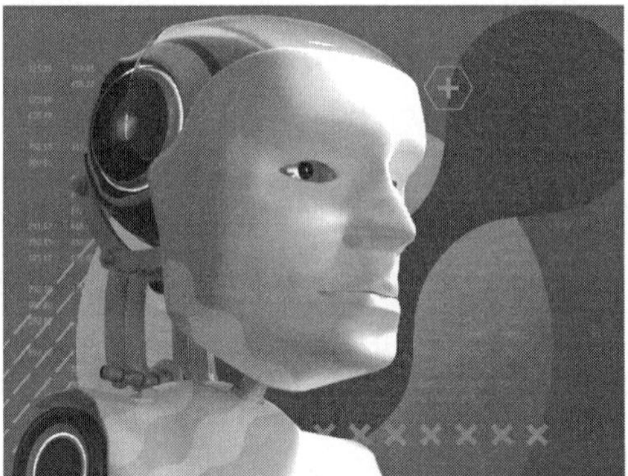

휴머노이드(humanoid) 로봇은 직관적인 협업을 위해 인간처럼 보이도록 설계되었으며 최신 운동 및 AI 기술은 개발 속도를 높이는 데 도움이 됩니다(asme.org 참조).

과학자들은 이밖에도 독한 냄새를 맡았을 때 몸을 피하는 동물들의 반응에 착안해, 이미 청소한 곳은 다시 지나가지 않도록 로봇청소기를 설계했습니다. 또한 앞서 지나간 로봇이 바닥에 묻혀 놓은 냄새를 탐지해 같은 경로를 따라가게 하는 등 로봇이 냄새를 이용해 길을 찾는 방법은 다양하게 이용됩니다. 로봇이 사람다워지기 위해서는 단순히 금속을 유기물질로 바꾸고 얼굴을 비슷하게 만드는 것만으로는 부족하고 사람답게 움직이고 행동해야 합니다. 그것을 가능하게 해주는 게 바로 수학적인 알고리즘인데 앞으로 로봇이 얼마나 사람과 비슷해질지 기대해 봅니다.

• 한 시장조사통계에 의하면, 코로나 바이러스 전염병의 유행과 경제 불확실성 이전까지의 연구에 의하면, 2026년까지 글로벌 휴머노이드 로봇 시장이 130억 달러를 넘을 것으로 예상했으며 로봇 사용이 지속적으로 증가할 것으로 예상합니다. COVID-19으로 휴머노이드 로봇은 소독, 온도 측정, 음식 및 의약품 제공, 의료진 및 환자를 즐겁게 합니다. 바이러스가 전 세계로 퍼져 감에 따라 많은 국가에서 로봇을 활용하고 있습니다. 일부 로봇은 병원에서 피곤한 간호사를 구호하고 기본 청소 및 배송을 수행하고, 다른 로봇은 창고에서 도움을 줄 수 있으며, 산업용 로봇은 직원이 검역에 참여하는 동안 제조 회사의 일부 생산을 유지하기도 합니다.

16.2. 인간형 로봇(Humanoid Robot)

여기 미국기계공학회(ASME)에 소개된 2020년형 10대 **인간형 로봇**(humanoid robot)을 소개하겠습니다.

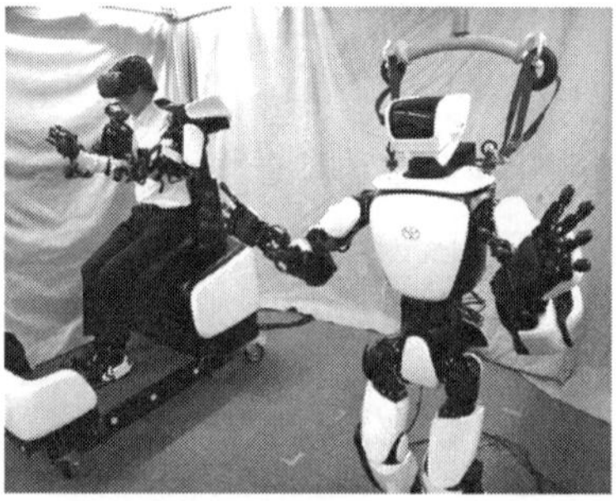

로봇아바타(Robotic Avatar)-2017년 일본 도요타가 처음 도입한 T-HR3은 실제 아바타와 같이 작업자의 움직임을 모방하는 휴머노이드 로봇입니다.

로봇대사(Robotic Ambassador)-아마도 가장 인간 얼굴을 가졌을 것이며 홍콩의 한슨로봇트가 개발한 소피아는 2020년에 AI 기반의 4살짜리 로봇 대사로서의 역할을 하여 로봇공학과 인간 로봇 상호작용 연구에 도움을 줄 것입니다. 소피아는 움직이고, 말하고, 감정을 표현하고, 노래도 부를 수 있습니다.

배달로봇(Delivery robot)-2020년1월 일을 시작한 미국 포드의 머리 없는 휴머노이드 디지트(Digit)는 팔다리가 민첩하며 센서로 가득합니다. 계단, 다양한 장애물 및 모든 종류의 지형을 탐색 할 수 있고 한발로 설 수 있고, 최대 40 파운드에 이르는 상자를 들어 올려 쌓을 수 있습니다. Digit는 또한 무인 자동차를 타고 고객에게 패키지를 배달하고 전체 배송 프로세스를 자동화 할 계획입니다.

리서치 휴머노이드(Research humanoid)-이란 테헤란 대학에서 2010년부터 연구한 로봇 수레나입니다. 최신 모델인 수레나 IV는 얼굴과 물체감지, 음성인식 및 대화가 가능한 성인 크기의 휴머노이드입니다. 시간당 0.7 킬로미터의 속도로 걸을 수 있고, 43% 정도의 자유도를 가지고 있으며, 손재주가 많아서 어떤 형태의 물건도 잡을 수 있습니다. 개발자는 Surena를 사용하여 두다리로 걷는 운동 및 AI를 연구할 것 입니다.

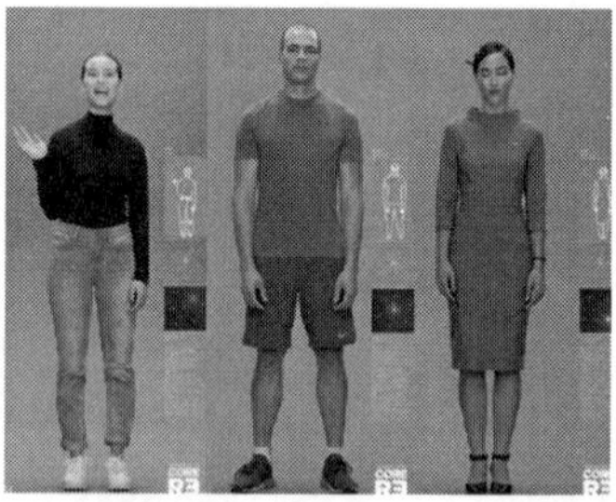

디지털 휴머노이드(Digital humanoid)-인간처럼 보이고 행동하지만 완전히 가상적인 디지털 인간 네온(Neon)입니다. 한국의 삼성이 개발한 고유한 성격과 외모를 가진 AI 기반 존재인 네온은 인공적인 인간 Alexa 나 Siri와는 달라서 질문에 대답하기 위해 고안된 것이 아니라 감정을 보여주고 경험을 통해 배우고 실제 대화를 이어서 하도록 되어 있습니다. 각 네온은 컴퓨터로 생성되며 가상 메디컬닥터나 요가 강사와 같은 다른 역할을 할 수 있게 사용자 지정의 디지털 휴머노이드입니다.

로봇 바텐더(Robot bartender)-스페인의 메코로봇트에서 개발한 식음료 제공 로봇 키메입니다. 키메는 인간과 같은 머리와 몸통, 그리고 두 팔을 가지고 키오스크 안에서 일하며, 유럽의 주유소와 스페인 양조장에서 테스트 한 결과 맥주를 따르는 데 능숙하며 시간당 최대 300 잔을 제공 할 수 있다고 합니다. 약 14 ~ 20%의 자유도를 갖추고 있으며 스마트 센서가 있으며 기계 학습을 사용하여 기술을 향상 시킵니다.

로봇 배우(Robot actor)-영국의 윌 잭슨 (Will Jackson) 감독에 의해 설립된 엔터테인먼트사인 엔지니어드아트에 의해 만들어진 로봇 테스피안이라는 휴머노이드는 예술가, 기계 및 컴퓨터 엔지니어 및 애니메이션 간의 협력을 통해 다양한 엔터테인먼트를 제작한다. 로봇 테스피안은 인상, 인사, 노래 및 제스처 라이브러리가 포함 된 로봇 배우입니다. 로봇 극장, 로봇 통합 시스템, 운동 트랙, 애니메이션 소프트웨어, 터치스크린 제어, 조명, 사운드 및 외부 장치 제어를 위해 이들 중 몇 가지를 함께 추가 할 수 있으며,이 회사는 RoboThespian에 자체적으로 걸을 수있는 기능을 추가하기 위해 노력하고 있습니다.

로봇 우주비행사(Robonauts)-여러 국가에서 우주 탐사를 위해 휴머노이드를 이용할 연구를 하고 있습니다. 인도에서는 여성 휴머노이드 로봇인 비요미트라(Vyommitra)가 2020년 12월 인간 우주비행사 없이 우주비행에 발사될 예정이며, 이 로봇은 미래의 승무원 임무를 준비하는 데 도움이 되는 미세 중력 실험을 실시 할 예정입니다. 2019년에 러시아는 원격조종 휴머노이드를 국제 우주 정거장(ISS)으로 보내 우주유영 도중 수리를 시뮬레이트 한 후 지구로 돌아온 적도 있습니다. 미국의 나사도 우주비행사 휴머노이드를 연구하고 있으며 이들이 미래에 혹독한 달이나 화성 환경을 견딜 수 있도록 설계될 수 있습니다.

교육용 로봇(Education robot)-미국의 소프트뱅크로봇사(Soft Bank Robotics)의 페퍼(Pepper)는 안내원, 소매점, 심지어는 유모로 일하기에 친근한 감정을 돕는 도우미로 설계되었고 교육용 통합 개발 환경이 탑재되어 있어 학생들에게 코딩 방법을 가르쳐주기 위해 만들어졌습니다. 학생들은 소프트웨어를 사용하여 휴머노이드를 프로그래밍하여 실시간으로 화면에서 다른 메시지를 보내 움직이고, 말하고, 몸짓으로 표현하는 것을 보며, 이 이니셔티브가 미래 세대의 인간 엔지니어 및 로봇 기술자에게 영감을 줄 것으로 기대합니다.

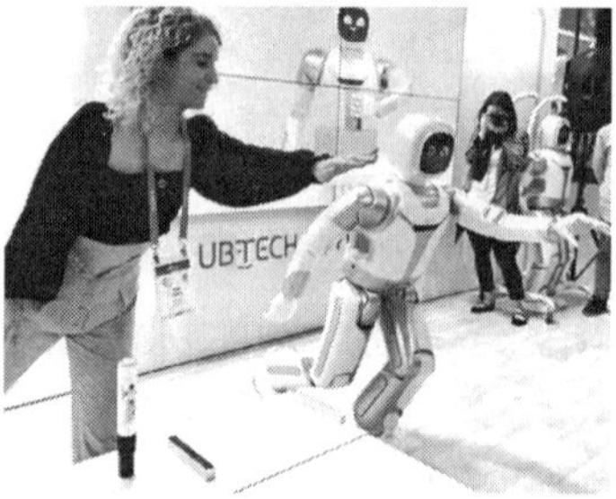

협업 휴머노이드(Collaborative Humanoid)-대부분의 휴머노이드는 본질적으로 인간과 협업자입니다. 예를 들어, 독일 카를 스루에 공과 대학 (Karlsruhe Institute of Technology)의 아마르(Armar)는 산업 환경에서 작업자와 함께 유지 보수 작업을 수행하도록 개발되었고, 유비테크(UBtech Robotics)의 워커(Walker)는 가정에서 인간과 협력하도록 설계되었습니다. 7%자유도 조작기를 사용하여 휴머노이드는 가정용 작업과 스마트 홈 제어를 수행하도록 개발되었습니다.

• 코로나19로 인한 사회적 거리두기 등 봉쇄 기간 동안 로봇과 드론은 자신들의 자리를 확고히 했다고 볼 수 있습니다. 보스톤 다이내믹스 스팟 로봇(Boston Dynamics Spot Robot)은 싱가포르에서 사회적 거리를 두는 것을 지원하는데 이용됐으며, 미국 노스캐롤라이나에서는 지플린이 병원에 의료용품을 전달할 수 있도록 드론으로 추적했고, 원격진료 로봇은 검역 중인 사람들을 연결하는 데 도움이 되었습니다.

• MIT 컴퓨터과학 및 인공지능연구소의 다니엘라 러스 교수는 보스턴의 푸드 뱅크를 청소하는 데 사용되는 소독용 로봇을 설계했고, 그녀는 BBC에 로봇이 "사람들을 위험한 곳에 두지 않도록 강력 지원했다"고 밝혔습니다.

• 한국에서도 원격진료 등 코로나19 기간 동안 새로 실험된 것들이 많았고 효과가 크다는 것을 확인했습니다. 앞으로 우리나라 정부는 한국판 뉴딜 종합계획을 수립해 4차 산업혁명을 이끌 기술적인 요소들을 점차 정립하여 대대적인 산업 혁신의 길을 모색할 것으로 보입니다.

Chapter 17

비행기, 유체(Fluid) 속의 수학

17.1. 항공기 속의 수학원리

비행기, 배 및 건축물에 수학이 깊이 연관되어 있습니다. 본 장에서는 어떻게 수학의 원리가 **유체**(Fluid)에 작용하고 있는 지 살펴보기로 합니다. 먼저 항공기(aircraft)에 적용하고 있는 굵직한 수학원리는 아래와 같습니다:

도플러효과(Doppler effect, 안테나),

피타고라스정리(Pythagorean theorem, 항법계산),

빛의 굴절과 스넬의 법칙(Snell's law, 캐노피),

뉴턴의 제 1운동의 법칙(Newton's first law of motion, 안전벨트),

열전달 이론(Heat transfer theory, 복사, 대류, 전도),

뉴턴의 제 2운동의 법칙(Newton's second law of motion, 무게중심, 추진기관),

확률(Probability, 안정성 평가),

힘의 평형의 원리(principle of balance of force, 힘의 균형 원리),

산화와 환원(oxidation and reduction, 항공기표면),

코리올리효과(Coriolis effect, 무장),

베르누이법칙(Bernoulli's law, 항공날개),

미분(Derivative, 곡면설계),

옴의 법칙(Ohm's law, 항공기 온도)등 입니다.

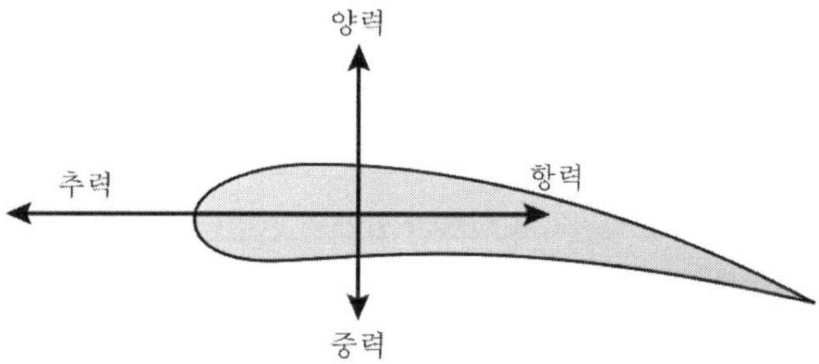

헬리콥터, 새, 비행기 등 하늘을 나는 모든 비행체에는 **양력**(lift, 위로 들어 올리는 힘), **중력**(weight, 지구가 당기는 힘), **추진력**(thrust, 앞으로 밀어내는 힘), **항력**(drag, 공기가 뒤로 끄는 힘)의 네 가지 힘이 작용합니다. 양력이 중력보다 크면 동체가 떠오르고 추진력이 항력보다 크면 앞으로 나아갑니다.

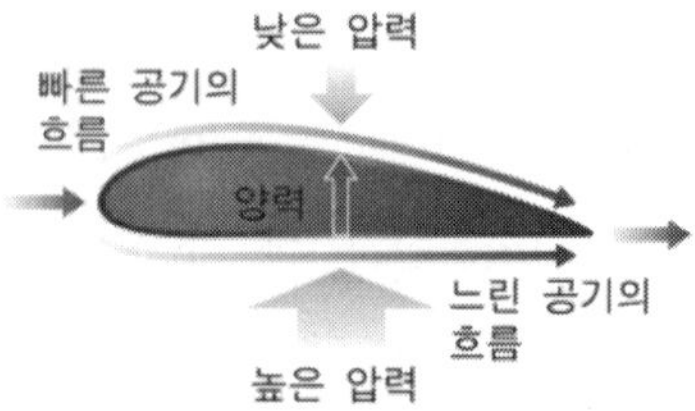

양력이 생기는 이유를 간단히 그림으로 보자면, 비행기 날개의 단면을 보면 위쪽이 굽어져 있어 경로가 더 멀다고 할 수 있습니다. 이 때 앞쪽에서 날개에 의해 갈라진 공기는 뒤쪽에서 흘러갑니다. 더 긴 경로를 거치는 날개 위쪽 공기는 더 빨리 움직이고, 아래쪽의 공기는 느려집니다. 공기가 빠른 위쪽은 압력이 낮고 공기흐름이 느린 아래쪽은 압력이 높습니다. 힘은 높은 데서 낮은 곳으로 작용하는 고로, 압력이 높은 아래쪽에서 압력이 낮은 위쪽으로 힘이 작용하는데, 이것이 양력입니다. 이 양력에 의해서 비행기가 뜹니다.

• **양력**(lift)의 발생원리는 비행기 날개의 단면이 유선형인 것과 관련이 깊습니다. 비행기가 이착륙하기 위해서는 양력과 항력을 발생시켜야 합니다. 비행기가 날 수 있는 이유는 날개가 만드는 양력 덕분이지요. 그럼 양력은 어떻게 발생하는 걸까요? 양력은 비행기의 받음각에 의해서 공기의 흐름이 만들어 냅니다. 비행기의 날개를 살펴보면 앞부분이 살짝 들려 있는데, 이를 받음각이라 하며 비행기의 날개를 절단한 면의 기준선과 상대풍과의 각을 나타냅니다. **상대풍**(relative wind)이란 날개가 공기를 가로질러 앞으로 나아갈 때 상대적으로 공기가 날개에 부딪치는 방향을 말합니다.

• **뉴턴의 제 2운동법칙**에 의하면 시간에 따른 질량이나 속도의 변화는 에너지를 발생시킵니다. 항공기가 전진하면 공기가 날개 주변을 흐르고, 받음각으로 인해 공기의 흐름이 날개 아랫부분으로 방향이

바뀌어, 아래 방향으로 힘이 발생하게 됩니다. 이 힘은 모든 작용에는 크기가 같고 방향이 반대인 반작용이 존재한다는 **뉴턴의 제 3 법칙**에 의하여 반대로 위로 작용해 날개를 공기 중으로 띄웁니다. 만약 날개의 단면이 직사각형이라면 양력이 발생할까요? 역시 받음각(angle of attack)이 주어지면 양력이 생깁니다. 다만 저항이 커지고 와류가 생겨서 비효율적이지요. 비행기 날개의 단면을 살펴보면 아래쪽은 평평하고 위쪽은 볼록한 유선형입니다. 이것은 공기저항을 줄이고 양력을 효율적으로 극대화시켜 주는 형태입니다.

• 비행기가 **이륙**(take-off)하기 위해서 필요한 양력은 공기의 흐름에 의한 것이므로 정지해 있을 때는 생기지 않습니다. 비행기는 자신의 무게를 이기고 하늘로 떠오를 수 있는 최소한의 속도가 될 때까지 활주로를 따라 달려야 합니다. 이때 맞바람이 불면 그렇지 않을 경우보다 날개 주변에 더 큰 공기의 흐름이 생겨 비교적 낮은 속도에서도 필요한 양력을 얻을 수 있습니다. 양력은 이륙할 때만 필요한 것이 아닙니다. 착륙 시에는 안전한 착륙을 위하여 양력이 더욱 필요합니다. 비행기는 지상에 도달하기까지는 공중에 떠 있어야 합니다. 양력은 비행기 속력의 제곱에 비례하므로, 착륙하기 위해서 계속적으로 속도를 줄이게 되면 양력이 줄어들어 떠 있기가 힘들어집니다. 그래서 낮은 속도에서 많은 양력을 얻기 위해서 받음각(angle of attack)과 플랩(flap)을 이용해 날개의 면적을 넓혀 속도를 줄임과 동시에 양력을 얻게 됩니다.

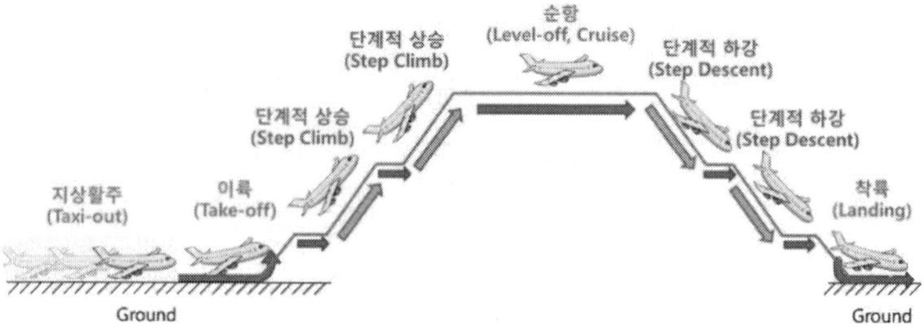

비행기의 이동 5단계 : 이륙-상승-순항-하강-착륙

• **착륙**(landing)할 때 비행기의 자세를 본 적이 있는지요? 비행기 앞머리를 약간 위로 향하게 하여 하강하고 있습니다. 이는 맞바람을 활용하여 양력을 높이기 위한 것입니다. 맞바람은 자연적인 플랩으로 속도가 크지 않아도 안정적으로 양력을 얻어 이착륙이 용이해집니다. 이 원리는 연을 45도 각도로 날릴 때 연이 가장 잘 날아오르는 이치와 동일합니다. 착륙 시 뒤에서 불어오는 역풍이나 옆에서 불어오는 측풍은 이착륙에 상당히 위험하기 때문에 항공기를 운항하는 조종사를 비롯한 운항 담당자들은 공항 바람세기와 방향에 무척 신경을 씁니다. 공항 관제탑에서 항공기의 이착륙 방향을 정할 때 바람의 방향에 따라 결정합니다.

17.2. 항공기의 무게중심(Centroid)

항공기는 균형을 잡지 못할시 추락 할 수도 있기 때문에 무게중심은 아주 중요합니다. 항공기의 무게중심은 일정한 기준선으로부터 계산 가능합니다. 따라서 항공기에 적재 할 수 있는 최대 허용중량을 초과 하면 안되며 무게중심 허용 범위 초과하도록 승객과 화물 적재는 불가능합니다. 비행할 때 기체에 가해지는 힘을 지탱하기 위해 무게와 무게중심 범위를 설정합니다.

• 항공기의 속력은 유체의 흐름에 따른 **베르누이 방정식**(Bernoulli's equation)을 이용합니다. 항공기의 피톳튜브(pitot tube)라는 것에 두 구멍이 나있고, 둘은 유체의 정체압과 정압을 측정, 두 압력의 차를 베르누이 방정식에 넣으면 속도를 구할 수 있습니다.베르누이 방정식이란 유체가 흐름을 그리며 흐를 때, 두점 A 와 B 의 높이 그리고 두 점에서의 압력과 흐르는 속도 사이관계를 두 점에서 역학적 에너지가 보존됨을 바탕으로 수식을 수립합니다.

17.3. 활주로의 번호

활주로(runway) 번호에 36보다 큰 수는 없습니다. 활주로의 양방향으로 번호가 다른 것은 양쪽 방향을 모두 사용하기 때문입니다. 이용객 순위 3위인 영국 히스로 공항의 활주로는 2개에 불과합니다.

• 2015년 8월 1일 스페인 마드리드를 출발하여 뉴욕으로 가는 아메리칸 항공기가 FL350 상공에서 한쪽 엔진이 막히는 사고가 발생하였습니다.

비행기 : 오른쪽 엔진이 막혔다는 경고가 떴다. 엔진은 아직 돌아가고 있어서 충분히 착륙을 할 수 있다.

관제탑1 : 포르투갈 라제스 공항으로 가시오.

비행기　:　우리는 최대 착륙 가능 중량을 초과했다.
만일을 대비하여 긴급차량들을 대기시켜 달라.
관제탑2　:　활주로 30번에 착륙을 허가한다.

다행히 아무도 다치지 않고 무사히 비상착륙을 하였습니다.

라제스 공군기지는 포르투갈령 아조레스 제도에 위치해 있는데, 아조레스 제도는 하와이처럼 대서양 한가운데 망망대해에 위치한 작은 섬입니다. 항공기 조종사들은 비상사태가 벌어지면 전혀 가보지 못한 곳에서 긴박한 순간에 비상착륙을 해야 합니다. 관제탑의 지시와 안내를 받겠지만 어떻게 처음 가보는 비행장의 활주로를 번호만 보고 찾을 수 있을까요? **활주로 번호**가 30이면 활주로가 30개 이상 있다는 것일까요? 아조레스 공항은 활주로가 1개밖에 없습니다. 그렇다면 왜 활주로 1번이 아니고 30번일까요?

• 전 세계 모든 공항의 활주로에는 각각 번호가 매겨져 있습니다. 이 번호는 운동선수들의 등번호처럼 활주로의 고유번호일까요? 활주로 번호에도 규칙이 있습니다. 활주로 번호는 활주로의 방향과 관계가 있지요. 항공기는 일반적으로 자북극(Magnetic North)을 기준으로 해서 자침방위와 항로를 따라 비행하거나 이착륙합니다. 항공기들이 이착륙할 때는 **항공교통관제**(ATC : Air Traffic Control)의 지시에 따르게 되며, 관제탑에서는 항공기의 이착륙할 활주로 번호를 지시하여 줍니다.

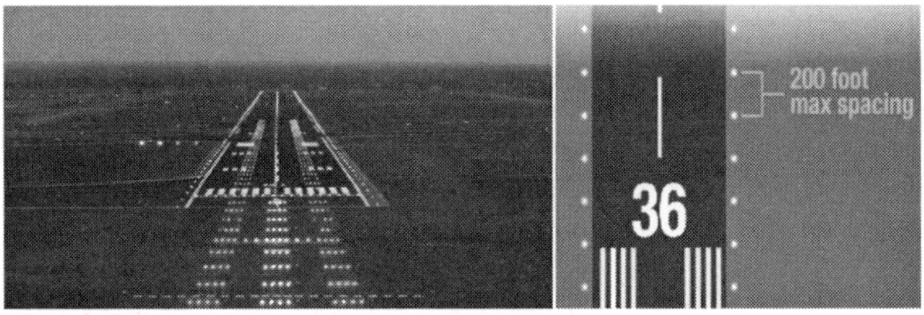

활주로 조명은 중요한데, 각 활주로 가장자리 조명 사이에 최대 200 피트의 간격이 필요합니다. 교차 활주로 또는 기타 활주로가 있는 활주로의 경우 최대 간격은 400 피트를 초과 할 수 없습니다. 또한 활주로 가장자리 표시등은 전체 포장된 활주로 가장자리에서 2 ~ 10 피트 오프셋 떨어져 있어야 합니다.

활주로 사진이나 그림을 살펴보면 활주로 번호에 몇 가지 규칙이 있음을 발견할 수 있습니다. 첫째, 활주로 번호에는 36보다 큰 수가 없습니다. 둘째, 활주로 한 개에 양쪽 방향으로 다른 번호가 있습니다. 셋째, 한 개의 활주로에서 양 방향에 있는 활주로 번호는 항상 18만큼 차이가 납니다. 넷째, 30L, 30R과 같이 같은 번호에 알파벳이 붙어 있을 수 있습니다. 활주로 번호는 자북극을 기준으로 한 활주로의 방향을 의미합니다. 비행기가 활주로로 진입할 때 향하는 방향이 251도라면 반올림하여 250이 되고, 일의 자리 '0'을 생략하여 활주로 번호는 25가 됩니다. 활주로 양 끝으로 번호가 다른 것은 **방향각**(direction angle)이 다르기 때문입니다. 활주로는 직선이고, 직선은 평각(straight angle)이므로 활주로 양 끝 지점의 방향각은 180도만큼 차이가 납니다. 따라서 한 개 활주로의 두 번호는 항상 18만큼의 차이가 생기지요. 만약 같은 방향으로 나란히 있는 활주로가 여러 개 있을 경우 R(right, 오른쪽), C(center, 가운데), L(left, 왼쪽)을 번호 옆에 붙여서 24L, 24C, 24R과 같이 구분하여 붙입니다. 인천국제공항은 3개의 활주로가 있고, 3개가 나란히 위치합니다. 3개의 활주로는 방향각(direction angle)에 거의 차이가 없지만 혼동을 막기 위해 세 번째 활주로의 번호는 15/33 대신 16/34를 사용합니다.

• 사용하는 활주로는 그날그날 달라진다? 길에 고유번호를 지정하여 번호를 통해 여러 가지 정보를 제공하는 것은 고속도로와 국도에서 볼 수 있습니다. 하지만 경부고속도로의 길 번호는 상행길이든, 하행길이든 고속국도1번이지요. 비행장 활주로의 경우 양방향으로 번호가 다른 이유는 무엇일까요? 그것은 활주로의 양쪽 방향을 모두 사용하기 때문입니다. 그렇다면 활주로를 양쪽 방향으로 모두 사용하는 것은 왜일까요? 양방향으로 두 대의 비행기가 동시에 뜨고 내리지 못하는데, 좁은 도로에서 **일방통행**(One-way traffic)을 실시하여 교통의 흐름을 양호하게 하듯이 한쪽 방향으로 고정하여 사용하는 것이 여러모로 편리해 보이기도 합니다. 그것은 사용하는 활주로의 방향이 그날그날 혹은 그때그때 달라지기 때문입니다. 비행기는 뜨고 내릴 때 맞바람을 받는 것이 유리하다고 말했습니다. 그날 날씨에 따라 맞바람을 받는 방향으로 활주로의 사용 방향이 하루에도 몇 번씩 바뀝니다.

17.4. 활주로 운영

활주로 운영에도 수학원리가 깊이 적용되고 있습니다. 대부분의 공항들은 운항관제 시스템에 의해 항공기의 **이착륙**(takeoff and landing) 순번을 정하고, 착륙하는 항공기들의 간격을 일정 거리 이상 유지하도록 함으로써 항공기가 서로 가까이 접근하는 것을 방지하면서 순차적으로 착륙하는 방식을 사용합니다. 이 방식은 강풍이 부는 경우 항공기 착륙 횟수가 평상시보다 20%가량 줄어드는 문제점이 있습니다. 이에 런던 히스로 공항은 항공기간 비행 간격을 거리(DBS, distance based separation)가 아닌 시간 간격으로 설정하는 TBS(time based separation) 방식을 항공기 착륙절차에 적용하였습니다. 앞서 가는 비행기와의 간격이 5마일(약 8km)이 필요하다고 할 때, 시속 50노트(시속 약 93km)의 맞바람이 불면 그것을 1마일 축소해도 착륙시간 간격은 변하지 않습니다. 컴퓨터로 실시간 바람상황을 데이터로 전송받아 안전거리를 산정한 후 각 항공기 간의 안전거리를 안내합니다. 영국항공교통서비스(NATS, national air traffic services)에 따르면 어느 날 히스로 공항에 50노트의 맞바람이 불었지만 착륙한 항공기 수는 같은 정도의 맞바람이 불었던 1월의 어느 날보다 60대 많았다고 합니다. 유럽 항공 당국은 영역 내 관할 관제업자에 대해 2024년까지 TBS방식을 채택하도록 의무화시켰습니다. 활주로 증설은 현실적인 어려움이 많으므로 세계 유수의 공항들은 공항 트래픽 해결에 대한 고민과 관제능력의 효율성에 지대한 노력을 쏟는데, 이에 수학적 · 과학적 · 공학적 지식과 사고가 필요하지요.

• 항공기 운항에 있어서 바람(풍향, 풍속)은 공항의 지형적인 요소인 활주로 방향과 함께 항공기의 이착륙에 중요한 요소로 작용한다고 했지요? **바람시어**(wind shear)라는 것이 있습니다. 바람시어란 대기 중에서 짧은 수평, 수직거리 내에서 바람의 방향과 속도가 변

하는 현상을 말하는 것으로 항공에서는 비행경로를 따라서 거리에 따른 바람의 변화를 가리킵니다. 제주도는 여자, 돌, 바람이 많아 삼다도라 불리는데 강한 바람과 한라산의 지형적인 특징으로 인해 하층바람의 방향과 세기가 달라져 바람시어가 일년에 100회 이상 두드러지게 나타납니다. 이러한 기상요소로 인한 운항장애 현상은 큰 돌풍이 불지 않는 날씨라 하더라도 항공기의 지연 또는 결항이 발생할 수 있습니다.

활주로를 건설할 때 고려하는 요소가 많겠지만 특히 그 지역의 날씨와 바람을 고려해 가장 많이 부는 바람 방향으로 활주로를 건설합니다. 그런 이유로 활주로 방향을 보면 그 지역의 바람 방향을 짐작할 수 있습니다.

17.5. 인천국제공항

인천국제공항과 김포공항의 활주로 방향을 보면 비슷함을 알 수 있습니다. 인천국제공항은 활주로 3개가 같은 방향으로 평행하게 놓여 있습니다. 우리나라는 **계절풍**(monsoon) 기후에 속하여 겨울철에는 북서풍이 많고, 여름철에는 북서태평양 고기압의 가장자리에 위치하여 남동풍 혹은 남서풍의 남풍계 바람이 많이 붑니다. 반면 제주도는 일년 내내 바람이 많이 불고 강한데다, 강한 바람이 한라산을 만나 갈라졌다가 하나로 합쳐지는 과정에서 소용돌이 바람이 만들어지는 바람시어가 발생합니다. 제주공항의 활주로는 7-25, 13-31의 두 개의 활주로가 열십자(+) 형태로 되어 있어, 사방에서 바람이 불어옴을 짐작할 수 있습니다. 또한 두 활주로 중 7-25번

활주로가 다른 활주로 보다 더 깁니다. 이는 소형, 대형 등 여러 기종의 비행기가 이용할 수 있어서 사용량이 많을 것이므로 바람 방향이 북서풍보다 남서풍이 더 많이 불 것이지만 결항 또한 많을 것으로 예측할 수 있습니다. 기록적인 무더위로 인하여 하계 성수기에 인천국제공항 이용객 수가 연일 사상 최대를 기록했다고 뉴스에 때때로 오르내립니다. 7월 31일 하루 동안 인천국제공항 개항 이래 역대 최다 일일여객(20만 82명) 기록과 일일 운항횟수(1042회) 경신했다고 뉴스에서 말하기도 합니다.

• 인천국제공항은 2005년부터 2015년도까지 국제공항협의회가 실시하는 공항서비스 평가에서 11년 연속으로 세계 1위 최우수 공항으로 선정되었습니다. 2015년 한 해 동안 인천국제공항을 이용한 여객 수는 4928만 명으로 매년 늘어나고 있으며, 연간 30만 회의 항공기 운항과 250만 t의 화물을 처리할 수 있는 초대형 공항이지만 활주로는 3개입니다.

인천국제공항의 활주로는 약 4,000m이고, 비행기가 뜨고 내릴 때 속도는 대략 시속 120~280km입니다. 시속 120km라면 4,000m를 빠져나가는 데 2분이 걸리고, 시속 280km라면 50초 정도가 소요됩니다. 평균 시속 120km로 단순 계산하여 2개의 활주로로 한 개는 이륙하고, 한 개는 착륙한다면 1시간에 30대의 비행기가 뜨고, 30대의 비행기가 내릴 수 있습니다. 하루에 20시간으로 계산하면 1,200대의 이착륙이 가능하고 1년이면 43만 대의 비행기가 이착륙을 할 수 있는 셈이지요. 실제로 런던 히스로 공항은 두 개의 활주로로 연평균 45만 대가 이착륙하고 있다고 합니다. 게다가 히스로 공항은 밤 11시부터 아침 7시까지 비행금지 시간이니 이것은 1분 30초마다 항공기가 한 대씩 이착륙하고 있다는 이야기이지요. 이런 상황에서 만약 자동운항 관제시스템에 문제가 생긴다면 하루 온종일 엄청난 대혼란이 발생할 수도 있으며, 날씨가 이착륙에 어려운 상황이라면 항공기가 정해진 시간에 이착륙을 할 수 없을 것이므로 항공기는 복행(go around)을 하거나 공중 체류(holding)를 해야만 합니다. 이 지체가 중첩되면 오래 기다려야 하는 항공기는 인근 다른 공항으로 회항해야 하고, 이로 인해 항공편 결항으로 이어지기도 합니다.

• 공기(그리고 물)의 흐름에 대한 연구가 백년이 넘게 진행되어 왔으나 수학자들이 공기역학의 핵심 문제인 난류의 복잡한 현상을 이해하기 시작한 것은 최근의 일입니다. 수학과 현대 컴퓨터 덕분에 오늘날 항공기 설계에 풍동(風洞, wind tunnel)을 사용하는 일은 거의 없습니다.

$$\rho g_x - \frac{\partial p}{\partial x} + \mu\left(\frac{\partial^2 u}{\partial x^2} + \frac{\partial^2 u}{\partial y^2} + \frac{\partial^2 u}{\partial z^2}\right) = \rho \frac{Du}{Dt}$$

$$\rho g_y - \frac{\partial p}{\partial y} + \mu\left(\frac{\partial^2 v}{\partial x^2} + \frac{\partial^2 v}{\partial y^2} + \frac{\partial^2 v}{\partial z^2}\right) = \rho \frac{Dv}{Dt}$$

$$\rho g_z - \frac{\partial p}{\partial z} + \mu\left(\frac{\partial^2 w}{\partial x^2} + \frac{\partial^2 w}{\partial y^2} + \frac{\partial^2 w}{\partial z^2}\right) = \rho \frac{Dw}{Dt}$$

$$\frac{\partial \rho}{\partial t} + \nabla \cdot (\rho \vec{V}) = 0$$

Navier-Stokes Equation

나비에-스토크스 유체방정식

나비에-스토크스(Navier-Stokes) **방정식**이 유체 흐름을 기술하지만, 이 편미분방정식의 정확한 해는 알려지지 않았습니다. 유체 흐름이 빠를수록 이 방정식의 비선형 항이 증가하여 방정식에 대한 수치해가 구하기 어려워집니다. 그래서 항공기에 미치는 난류의 영향은 특별히 이해하기 어려우며 현대 슈퍼컴퓨터의 계산 능력으로도 어렵습니다. 현재 기술로 이 문제에 접근하려면 관련 이론의 발전이 필요합니다. 현재 수학자들은 난류를 설명하고자 하는 두 가설인 리차드슨(Richardson) 법칙과 콜모고로프(Kolmogorov) 법칙을 입증하려 노력하고 있습니다.

Chapter 18

선박 속의 수학

18.1. 배가 뜨는 원리

• 부력(Buoyancy)

배는 **부력**(buoyancy: 대체된 액체의 무게)에 의해서 떠 있게 됩니다. 부력은 고대 그리스 학자 **아르키메데스**(Archimedes, 기원전 287-212)에 의해 발견되었던 금왕관 일화와 함께 전해져 내려옵니다.

"은은 금보다 무게가 가볍기 때문에 예를 들어 똑같이 1kg의 무게가 나가도록 하려면 금보다 은이 더 많은 양(부피)이 필요하다. 왕관과 같은 무게의 순금 덩어리를 준비하여 물 그릇에 담아서 넘쳐나는 물의 양을 비교하면 두 개의 부피가 같은지 혹은 다른지를 알 수 있는 것이다."

옛날 그리스의 왕 헤론은 순금으로 된 왕관을 만들게 하였고, 황금

왕관을 자랑스럽게 생각하고 있었습니다. 그런데 왕관이 순금이 아니라는 소문이 돌았고 왕은 실망하여 당시 유명한 수학자이자 물리학자인 아르키메데스를 불러 왕관이 순금인지 아닌지, 그리고 만약 불순물이 섞여 있다면 순금의 양은 얼마인지 알아내라고 명령하였습니다.

왜 작은 왕관 쪽으로 기울까?

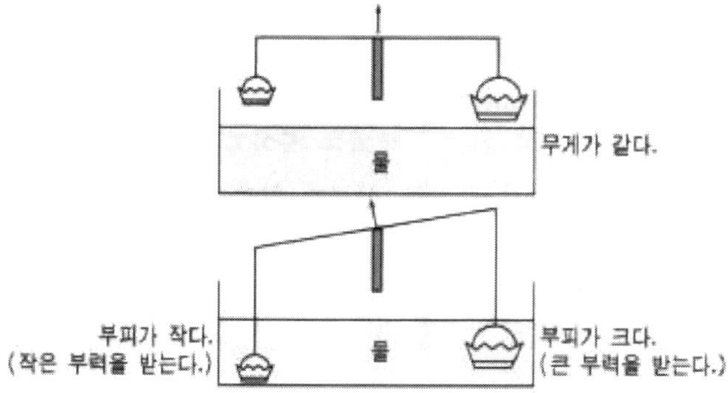

약속한 날짜는 다가오는데, 아르키메데스는 아무리 머리를 짜내도 좋은 생각을 떠올릴 수가 없었습니다. 아르키메데스는 머리를 식힐 겸해서 공중목욕탕에 갔습니다. 아르키메데스가 욕조 안에서 몸을 담그자 더운 물이 넘쳐흘렀습니다. 순간, 아르키메데스는 몸이 가벼워짐을 느끼고서 "**유레카**(Eureka: 찾았다)를 외치며 벌거벗은 채로 목욕탕에서 뛰어나와 집까지 달려갔습니다. 다음날, 아르키메데스는 왕에게 왕관과 같은 무게의 순금덩어리를 만들어 달라고 했습니다. 그리고 왕관과 순금덩어리를 번갈아 물속에 넣어 보았습니다. 그런데, 넘친 물의 양은 같지 않았고 결국 왕관은 순금이 아니라는 것을 밝혀냈습니다. 만약 왕관이 순금으로만 만들어졌다면 넘친 물의 양이 같았겠지요. 더군다나 아르키메데스는 왕관에 들어가 있는 순금의 양까지도 정확히 계산을 해냈습니다.

아르키메데스가 발견한 것은 '물체가 물 속에 들어가면 그 물체와 같은 부피의 물의 무게만큼 가벼워진다'라는 부력의 원리였습니다. 이 부력의 원리를 '**아르키메데스의 원리**(Archimedes' Principle)'라고도 합니다.

• **부심**(Center of buoyancy)

이 원리는 배가 물에 뜨는 것에도 그대로 적용됩니다. 이 때 부력의 크기는 그 물체가 밀어낸 물의 무게와 같으며 물체가 잠긴 부분의 중심, 즉 **부심**(center of buoyancy)을 통하여 중력과 반대 방향으로 작용하게 됩니다. 만약 물체의 무게가 같은 부피의 물 무게보다 작다면 그 물체는 가라앉지 않는데, 이는 부력이 물체의 무게보다 크기 때문입니다. 이 원리를 이용하여 배가 밀어내는 물의 무게 –배가 가라앉은 부분의 물의 무게–보다 배의 무게를 더 가볍게 만들면 배는 물에 뜰 수 있게 되는 것 입니다.

배가 밀어낸 해수의 무게를 그 배의 **배수량**(displacement)이라고 하며, 그 부피를 배수 용적이라고 합니다. 부력 이외에 배 밑바닥의 경사진 면이 물 위를 미끄러질 때 양력을 받아 물에 뜨는 **활주형** 선박(planning boat)과 비행기가 양력을 받아 하늘을 나는 것과 같은 이치로 수중 날개에 의해 양력을 받아 물에 뜨는 **수중익선**(hydrofoil boat) 그리고 선체 바닥에서 압축공기를 분사하여 무게를 지지하는

공기부양선(air cushion vehicle) 등이 있습니다. 이런 선박들은 모두 소형 고속정들로서 주로 군용이나 여객용, 관광, 경주용으로 사용되고 있습니다.

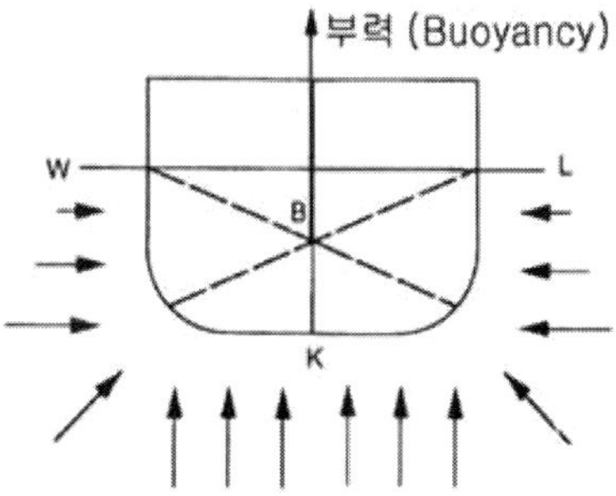

배가 가는 원리

배는 물에 뜰 수 있어야 하고(**부양성**), 화물을 실을 수 있어야 하고(**적재성**), 스스로의 힘에 의해 앞으로 나아갈 수 있어야 한다(**이동성**). 이 세 가지를 **배의 3요소**라 말합니다. 이중에서 배가 뜨는 것은 부력에 관련된 문제이고 배가 나아가는 힘에 대해서 알아봅시다.

• 배의 진화

초기의 배는 사람이 노를 젓는 것이었습니다. 하지만 인력선은 상당히 멀리 갈 수도 없었고 배의 속도도 빠르지 못하였기 때문에 돛을 달아 바람의 힘을 이용하게 되었습니다. 바람의 힘을 이용하면서 인간은 먼 거리도 어렵지 않게 이동할 수 있게 됩니다. 이집트에서는 수천년 전에 이미 수십 개의 노와 큰 돛을 설치한 배가 출현하였고 로마, 페니키아, 그리스 등에서도 기원전에 노와 돛을 장치한 큰 배를 만들어 사용하게 되었습니다. 돛단배의 이용은 수천년간 이어져 중세에는 대양을 항해하는 목조 범선이 출현하기에 이르렀습니다. 돛단배라면 지금은 작은 배에 속하나 19세기까지만 해도 가장 큰 배 중에 하나였습니다. 목조 범선은 19세기 철제 기선이 출현할 때까지 세계의 바다를 누비는 전성시대를 이루었지만 바람이 없는 무풍해역이나 바람이 심한 지역은 항해를 할 수 없었고, 특히 무풍 해역에 들어서면 그 배는 몇 달이고 한곳에 머물러야 했고 식량이 떨어져 선원들은 모두 굶어 죽고 선박만 돌아다니는 유령선도 생겨나곤 하였습니다.

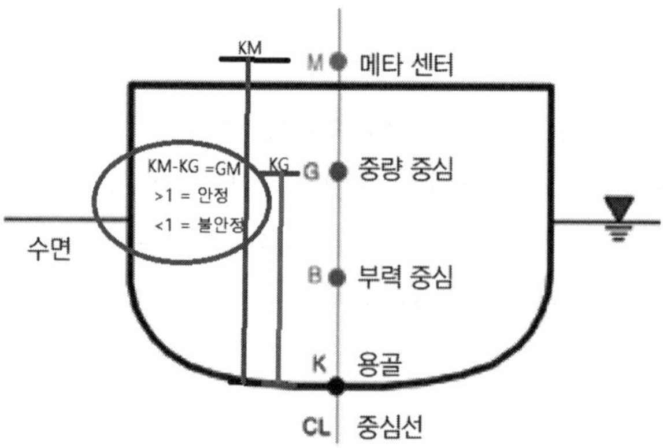

배의 복원성 계산

• 배의 **복원력**(restoring force)은 배가 기울어졌다 원상회복하는 힘이기 때문에 중요합니다. 중량의 중심, 즉 무게중심(G), 부력의 중심(B), 메타 센터(M), 그리고 배의 중앙하방점(K)가 있습니다. 선박이 기울어졌을 때 부력이 작용하는 선과 직립 시 중심점과의 교

점을 **경심**(Metacenter, M)이라 합니다. G와 B가 연직선 상에 놓일 때, 배는 동요하지 않고 평형을 이루게 됩니다. 함정은 일반적으로 중량과 기하학적 형상이 좌 · 우 대칭을 이루므로, G와 B는 용골(Keel)선을 통과하는 연직선상에 놓이게 됩니다. 용골(K)로부터 경심(M)까지의 거리(KM)에서 용골(K)로부터 중심(G)까지의 거리(KG)를 뺀 거리를 메타센터의 높이(GM, Metacentric height)라고 정의합니다. 이때 메타센터의 높이가 양수(+)인가, 음수(−)인가, 또는 0인가에 따라 선박의 균형을 판단할 수가 있습니다. 배의 무게중심 G가 메타센터 M보다 배의 아래점 K나 부력중심인 B에 더 가까울 때 즉 1보다 클 때는 복원력이 있어 안정적입니다.

• 철 구조의 배와 증기기관을 장착한 배는 19세기 초 거의 동시에 출현하였습니다. 1807년 로버트 풀턴은 증기기관과 외륜수차(paddle wheel)를 장치한 클레멘트(Clement)호를 뉴욕의 허드슨 강에서 운항하는 데 성공하였고, 최초의 철선은 1818년 영국에서 건조된 불컨(Vulcan)호입니다. 증기기관의 출현은 바람에만 의존하던 해상활동에 종막을 고하게 되지요. 초기의 기선은 모두 증기기관으로서 연료로는 석탄을 사용하였고 추진방식은 선체 좌우에 외륜수차를 설치하는 방식이었습니다. 1836년 나선형의 **스크루 프로펠러**(screw propeller)가 발명되었으며 3−5개의 날개를 가진 프로펠러가 회전하면 프로펠러 날개의 나선면이 물을 밀어내고 그 반동으로 생긴 추력을 받아 배가 전진하는 원리인데 20세기에 들어와 거의 모든 선박에 보급되었고 한 선박에 프로펠러를 2개, 3개, 4개를 설치하는 경우도 있습니다. 1884년에는 증기터빈, 1894년에는 액체연

료를 사용하는 디젤기관이 발명되었고 이러한 고출력 엔진과 프로펠러의 사용에 따라 선박의 크기와 속도도 점차 고속 대형화 되었고 근래에는 원자력기관을 사용하는 선박도 출현하고 있습니다.

현재는 디젤기관과 스크루 프로펠러를 사용하는 선박이 주종을 이루고 있지만 엔진에서 추진축 그리고 프로펠러로 이어지는 재래식의 추진방식이 아닌 새로운 개념의 추진방식도 사용되고 있습니다. 공기부양선이나 경주용 모터보트에 많이 사용되는 워터제트 추진방식이나 초대형 여객선에서 볼 수 있는 중간 동력전달축이 필요없는 전기구동 방식이 그것입니다.

• 배의 이동

이제 선박이 어떻게 앞으로 나아가고, 정지하고, 방향을 조절하는 지 알아봅시다.

• **디젤기관**과 같은 동력추진 장치를 갖춘 선박이라면 압축공기를 엔진 내의 실린더에 직접 공급해 시동을 걸게 됩니다. 선박도 자동차와 마찬가지로 변속기어가 있어 전진할 수도 있고 후진할 수도 있으나 추진축계의 규모가 매우 크기 때문에 변속기어를 통해 전진, 후진을 바꾸는 것은 매우 비효율적입니다. 따라서 변속기어를 장치하는 것은 소형 선박에서만 통용되고 있습니다.

• 스크루 프로펠러의 도입은 선박의 추진방식에 있어서 대단한 변화를 가져왔습니다. 프로펠러 추진방식은 경사진 날개가 회전하면서 물을 배 뒤로 밀어내 그 반작용으로 **추진력**(propelling power)을

얻는 것입니다. 프로펠러가 빨리 돌아갈수록 많은 양의 물을 배 뒤로 밀어낼 수 있어서 추진력도 강하게 됩니다. 프로펠러의 회전방향을 전진 방향과 반대로 하면 후진이 됩니다. 평상시에 시계방향으로 돌아가는 프로펠러를 뒤로 갈 때는 시계 반대방향으로 돌리면 후진이 되는 것입니다. 그러나 엔진이 작동 중에는 반대방향으로 돌릴 수 없기 때문에 먼저 엔진을 정지시킨 뒤 역회전을 시켜 프로펠러의 회전방향을 반대로 해야 합니다. 짧은 시간 동안에 엔진을 역회전 시키는 일은 엔진에 상당한 무리가 갈 수 있으며 특히 엄청난 크기의 선박을 뒤로 움직이게 하는 것은 아주 비효율적인 일입니다. 선박은 자동차와 달리 매우 큰 덩치를 움직여야 하기 때문에 주로 대형 저속엔진을 사용하게 되고 이런 대형 저속엔진에서 순간적으로 속도를 낮추거나 높이는 것은 엔진에 치명적인 손상을 일으킬 수 있습니다. 따라서 큰 선박들이 부두에 접안할 때는 예인선이 앞뒤에서 끌고 당기면서 접안시킵니다. 예인선이 없다면 부두와 상당한 거리를 두고 엔진을 끈 상태에서 달리던 추력만으로 서서히 부두에 접안합니다. 선박이 후진기어를 넣고 프로펠러를 반대방향으로 돌리면서 후진하려는 것은 엔진에 무리를 주더라도 충돌을 피하려는 긴급한 상황에서만 시도될 뿐입니다.

• 선박은 엔진의 **분당 회전수**(revolutions per minute: RPM)를 조절하는 것으로 속도를 조절합니다. 자동차의 가속페달과 같은 역할을 하는 연료유 가감핸들을 조정해 엔진의 회전속도를 조절하게 되는데, 속도를 높이려면 연료분사를 많이 하고 줄이기 위해서는 분사량을 줄이면 됩니다. 정상적으로 선박을 세우는 방법은 엔진을 정

지시킨 뒤 유체의 저항으로 스스로 멈출 때까지 그대로 전진시키는 것입니다. 답답해 보이지만 이것이 현재는 가장 널리 사용되는 방법입니다. 큰 선박들이 전속력으로 움직이다가 엔진을 정지시킨 후 멈출 때까지의 정지거리는 보통 5~6Km에 달합니다. 이러한 제약이 넓고 넓은 바다에서 간혹 항해 사고를 일으키기도 합니다. 만약 마주 오는 배가 서로 1.8Km 이내에 접근하게 되면 이미 충돌은 피할 수 없는 상황이 옵니다.

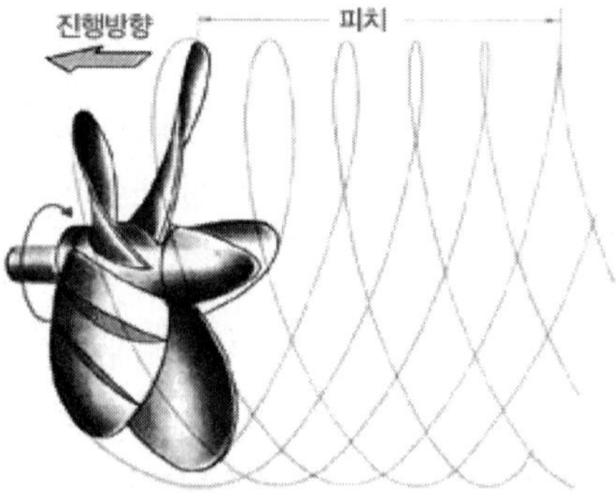

선수부에 작은 프로펠러(thruster라 한다)를 옆으로 장치하여 선박의 좌우이동을 손쉽게 하는 경우도 있습니다.

• 비상시에 선박을 세우는 방법은 프로펠러를 역회전 시키는 것이 있습니다. 이 방법은 엔진에 큰 무리가 따르기 때문에 선장의 정확한 상황 판단에 따라서 결정할 문제입니다. 최근에는 **가변피치 프로펠러**(controllable pitch propeller)라 하여 엔진이 정상적으로 회전하는 중에도 프로펠러의 날개 각도를 앞뒤로 조절하여 전진, 후진과 정지를 마음대로 선택할 수 있는 장치도 보급되고 있습니다. 고가이긴 하지만 프로펠러 날개의 각도를 마음대로 조절할 수 있어서

엔진을 역전시키지 않고도 최대속력으로 전진하다가 후진할 수 있는 장점이 있습니다.

• 선박의 방향은 선미의 키(舵, rudder)를 가지고 조종합니다. 모터보트나 요트 정도의 선박은 사람이 키 손잡이(tiller)나 조타륜(steering wheel)을 직접 잡고 움직일 수 있겠지만 배가 조금만 커져도 사람의 힘으로 키를 조정할 수 없습니다. 따라서 전기제어식 혹은 전동유압장치를 이용하여 원격으로 키를 조종할 수 있게 합니다.

18.2. 조선공학

• 조선소의 입지조건

조선소는 선박을 새로 건조하고 수리하는 공장입니다. 조선소는 수심이 비교적 깊은 해안가에 주로 건설되며 만들어진 선박을 진수하기에 적합한 장소이어야 합니다. 조선소를 건설하기에 적합한 곳이란 철판을 포함한 주요 기자재의 입수가 편하고 선박이 집결하는 큰 항구 근처로서 부근에 조선관련 산업체가 발달된 곳이어야 합니다. 그리고 간만의 차가 적고 조류가 심하지 않으며 무엇보다도 선박의 건조에 지장이 없을 정도로 부지가 넓고 지반이 단단한 곳이어야 하고, 또한 동력과 용수공급이 풍부하고 노동력 확보가 원활한 곳이기도 합니다. 우리나라에서 이런 조건을 만족하는 곳은 부산을 중심으로 주로 동남부 해안으로서 여기에 대형 조선소들이 자리 잡고 있습니다.

• 조선공업은 많은 관련 산업을 기반으로 하기 때문에 조선소에

는 선박을 조립하는 데 꼭 필요한 선각공장이나 의장공장뿐 아니라 엔진, 보일러, 터빈, 프로펠러 제작 등에 필요한 많은 계열공장을 갖추어야 했습니다. 실제로 역사가 오래된 조선소는 공업수준이 낮은 시대에 건설되었기 때문에 많은 계열공장을 조선소 내에 함께 가지고 있지만, 운반수단이 발달하고 공업수준이 높아진 요즈음은 대부분의 조선소에서 기본적인 조립공정을 수행할 선각공장과 의장공장을 위주로 설비를 갖추고 많은 작업을 외부에 주문하여 작업을 수행하는 체계를 갖추고 있습니다. 선박건조에 필요한 상세한 도면 등 모든 기술적인 준비는 설계실과 기술연구소에서 마련하고 있습니다. 조선소에서 선박이 건조되는 순서는 먼저 제철소에서 철판이 강재적치장으로 들어와 가공된 후, 소조립, 대조립 과정을 거쳐 선대나 도크(dock)에서 최종 탑재되는 순서를 거치게 되는데 조선소의 공장설비도 이 순서에 맞추어 설치되는 것이 당연한데, 이러한 기자재와 작업의 흐름이 중간에 끊기거나 한 군데서 적체되지 않고 물 흐르듯 진행되는 것이 근대 조선소의 효율과 생산성을 결정하는 중요한 요소가 되고 있습니다.

• 조선소의 공장설비는 다음과 같은 것이 있습니다. 우선 선박이 최종적으로 만들어지는 선대와 드라이도크 시설을 중심으로 선각공장, 기계공장, 의장공장 및 야외 조립장 등이 배치되어 있다. 선대(船臺)는 선체 블록을 쌓아 올려 중량이 수천~수만 톤에 이르는 선체를 최종적으로 조립하는 장소로 선대의 크기에 의해 건조선박의 최대 길이나 폭이 결정되므로 선대는 조선소의 선박건조능력을 정하는 기준이 됩니다. 과거에는 육상에 설치된 경사진 선대에서

완성된 배를 해안으로 밀어서 진수시키는 방법을 많이 썼으나 근래에는 선박이 대형화되고 경사진 선대보다는 평평한 곳에서의 작업을 선호하는 추세에 따라 수문을 설치해 건조 시에는 물을 뺀 상태에서 작업하고 진수 시에는 물을 들여보내 배를 띄우는 **드라이도크**(drydock) 시설을 설치하고 있습니다. 선대와 드라이도크는 말뚝으로 지반을 견고히 다진 후 콘크리트로 만들어지고 주위에는 중량물을 운반하기 위한 크레인들이 설치됩니다. 선대나 드라이도크 작업은 대부분 고공에서 이루어지므로 위험하고 작업효율도 많이 떨어지는데 크레인의 용량이 크면 많은 작업을 육상에서 끝낸 후 한꺼번에 무거운 블록을 들어올려 탑재가 가능하므로 생산성을 향상시킬 수 있습니다.

• **강재적치장**(steel stock yard)에서는 해상으로부터 들어온 철판을 치수 별로 구분하고 부식방지를 위해 페인트로 도장을 한 후 가공공장으로 보내는 일을 합니다. 강재적치장에서는 5-20톤 정도의 크레인을 이용하고 가공공장으로 반입을 위해 콘베이어를 쓰기도 합니다. 가공공장은 강재적치장에서 들어온 철판을 조립장으로 보내기 전 작업을 하는 곳으로 철판과 형강재의 대부분이 여기서 가공됩니다. 여기서는 설계도면에 따라 직선 및 곡선 절단, 판굽힘 작업을 주로 하며 자동가스절단기, 컴퓨터를 이용한 NC제어절단기, 열가공굽힘기(flame planer) 등이 설치되어 있습니다.

• **조립장**(fabrication shop)은 제 2차 세계대전 이후 용접기술이 진보함에 따라 생긴 것으로 가공공장에서 절단되어 나온 많은 부재들을 조립하는 작업을 하고 있습니다. 가공공장의 출구에는 바로 소

조립 공장이 위치하는데 소조립이란 철판에 간단한 보강재(stiffener)나 브래킷(bracket) 등을 붙이는 작업으로서 조선소에서 가장 많은 자동화 용접이 이루어진 곳입니다. 반면 대조립 공장은 주로 야외에서 이루어지며 소조립을 통해 만들어진 10톤 이내의 블록을 모아 입체적인 대형 블록으로 만드는 곳입니다. 요즘에는 우천 시에 관계없이 작업효율을 높이기 위하여 지붕으로 가려진 실내공장에서 대조립을 수행하는 경우도 많습니다. 대조립 공장을 통해서 만들어진 블록은 무게가 수십-수백 톤에 달하게 됩니다. 대조립에서 만들어진 대형 선체블럭은 선대나 드라이도크로 옮겨지고 여기서 대형 크레인이 동원되어 선체로 탑재됩니다. 선대나 드라이도크에 배치된 크레인의 용량은 50-100톤 규모의 **지브크레인**(jib crane)에서 800톤 규모의 거대한 **골리앗크레인**(goliath crane)까지 다양하며 선체블럭을 들고 도크 주변을 이동할 수도 있게 되어 있습니다.

• 선대나 드라이도크에서 완성된 선박은 **진수식**(launching ceremony)을 거쳐 물에 띄워져 마지막 의장공사를 위해 안벽에 계류시킨 상태로 의장작업을 수행합니다. 많은 의장작업은 앞서 대조립 과정에서 선체에 설치된 상태이므로 여기서는 빠진 부분만 작업하면 되므로 안벽에서의 의장에 드는 시간은 그다지 길지 않습니다. 의장작업을 통해 각종 기계, 계기, 조달품 등이 선박에 설치되고 최종적으로 **시운전**(sea trial)을 거쳐 선주에게 인도되면 선박의 건조작업이 모두 끝나게 됩니다.

• 경심과 무게중심

배의 안전에 대한 우려가 최근 세월호 사건을 계기로 세간의 커

다란 관심이지요. 복원력이 나쁜 배는 선원들이 가장 먼저 알아본다고 합니다. 파도 위를 운행하다 보면 평상시에도 배가 원래 자리로 돌아오는 시간이 느리다는 것을 느낌으로서 이지요.

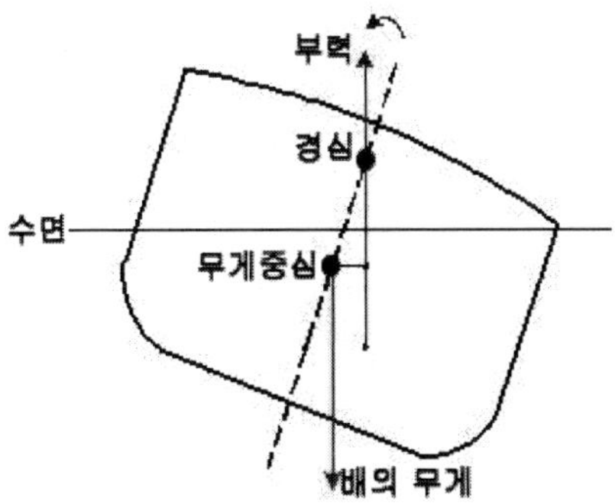

배의 무게중심은 아주 중요한 안전요소 입니다. 일반적으로 무게중심은 위치가 낮을수록, 그리고 부심은 높을수록 복원력이 좋습니다. 쉽게 말해 위쪽이 더 무겁게 설계된 '가분수 형'배, 또는 그런 형태로 개조한 배일수록 뒤집히기 쉽다는 뜻입니다.

많은 승객과 화물을 실어야 하는 여객선은 높고 크게 만듭니다. 무게중심이 위에 있을 수밖에 없는 구조로 만들어진다는 얘기입니다. 물론 설계상 운행에 문제가 없도록 만들지만, 사고가 났던 문제의 세월호처럼 많은 화물을 싣고 나면 무게중심이 위쪽으로 올라갑니다. 여기에 배의 구조까지 변경하면서 무게중심은 한층 더 위쪽으로 옮겨갔겠지요. 이렇게 되면 외부 파도의 세기에 따라 배에 심각한 안전문제가 발생하기 쉽습니다.

한국해양과학기술원 선박해양플랜트연구소 관계자는 **"배는 무게중심이 경심** (傾心, 기울어진 상태의 중심)**보다 낮아야 평형 상태를 회복할**

수 있다"며 "균형이 깨지면서 무게중심이 경심보다 높아지면 배는 결국 전복된다"고 말했습니다.

• 평형수와 화물무게도 복원력의 관건입니다. 선박을 설계할 때 무게중심과 부심, 경심의 균형을 임의로 맞추기 위해 배 아래쪽에 평형수를 채워넣는 공간을 마련하기도 합니다. 선박 위쪽에 실리는 화물이나 승객 때문에 위로 올라가는 무게중심을 아래쪽으로 낮추기 위해 평형수를 채워 무게중심의 균형을 맞추는 것입니다.

여기서 고려할 다른 변수는 '**흘수**(吃水, 배가 수면 아래로 잠기는 깊이)'입니다. 평형수와 화물 무게만큼 무거워진 배는 물속에 그만큼 더 가라앉기 마련입니다. 흘수가 커지면 그만큼 배수량이 커지니 부심도 위로 올라갑니다. 만약 배에 많은 짐을 싣고, 필요한 만큼 평형수를 채워 넣지 않으면 복원력이 치명적으로 낮아집니다. 기본적인 복원력이 부족한 상황에서 컨테이너나 자동차 같은 화물이 제대로 고정되지 않았다면(급격한 방향전환 중) 배가 한 쪽으로 쏠리면서 복원력을 잃을 만큼 기울 수 있습니다.

한편 **복원력**이 과다하게 커도 문제가 됩니다. 복원력이 크면 선박의 동요가 너무 빠르게 일어나 화물이 선체에서 이동하거나 기관 손상을 입힐 수도 있습니다. 승무원들의 선내 생활도 힘들어지고 작업 능률도 떨어질 수 있습니다. 복원력은 선박안전을 결정하는 매우 중요한 기준으로, 선박을 설계하고 개조할 때는 반드시 적절한 복원력을 확보해야 하며 선원들 역시 복원력에 대한 충분한 지식을 가지고 배를 운행해야 합니다.

• 항력과 추진력

배처럼 운동하는 물체에 작용하는 저항은 물체의 크기와 속도 그리고 운동을 하고 있는 공간의 물성에 따라 달라지기 때문에 같은 물체라 하더라도 그 저항값의 크기를 단순히 비교할 수 없게 되므로 수학적으로 **항력계수**(drag coefficient)라는 지수를 정의하여 운동하는 물체의 저항을 나타냅니다. 항력계수는 **항력방정식**(drag equation)에 의하여 계산됩니다.

선박이 해수면 위를 일정한 속도로 전진할 때 선박은 운동장의 축구공의 경우처럼 진행하는 반대 방향으로 항력을 받게 되며 이 항력을 이길 수 있는 전진력을 제공받지 않게 된다면 결국 선박은 정지하게 될 것입니다. 이 때 선박에 작용하는 항력을 선박의 **저항**(抵抗, resistance)이라 정의하며 이 저항을 극복하고 일정한 속도로 운항할 수 있도록 제공되는 전진력을 선박의 **추진력**(推進力, thrust)이라 정의합니다. 실제로 운항중인 선박의 동력 공급을 중단하면 그 배는 자신의 길이의 대략 50배의 거리를 지나서 정지하게 됩니다. 즉 그 배는 해수에 의해 그만큼의 저항을 받는다는 의미이며, 계속해서 전진하기 위해서는 그 만큼의 추진력을 공급받아야만 합니다. 저항이 없는 선박은 존재할 수 없으므로 선박이 일정한 속도로 지속해서 운항하기 위해서는 추진력 제공을 위한 동력원의 존재가 필수 불가결하다고 할 수 있습니다. 동력기관이 발명되기 이전의 시절에는 풍력, 인력과 같은 자연력이 동력원이 되어왔으나 현대의 대형 선박을 운항하기 위해서는 그 크기가 3~4층 건물과 맞먹을 정도의 크기의 엔진기관이 사용되고 있으며 이러한 엔진기관에서 생성된 동력은 프로펠러와 같은 추진장치를 통하여 선박에 추진력을 공급하게 됩니다. 선박의 저항은 선박의 형상과 밀접한 관련이 있으며 우수한 선박은 낮은 저항 값과 높은 추진효율을 갖도록 최상의 결합을 이루어야 하며 일반적으로 이러한 최상의 결합은 선체와 프로펠러가 적절하게 조화를 이룰 때 얻어지게 됩니다.

• **유체역학(Fluid Dynamics)**

선박의 저항에는 마찰저항, 조파저항, 와류저항 및 공기 저항 등의 다양한 요인에 의하여 매우 복잡하게 상호간섭을 일으키게 됩니다.

• **전산유체역학**(CFD, computational fluid dynamics)은 유체의 물리적 움직임을 수학식으로 표현한 **편미분방정식** 또는 **적분방정식**들을 컴퓨터를 이용하여 수치적 방법으로 풀어 해를 얻는 학문입니다. 우리의 생활주변을 포함해서 자연에서 일어나는 모든 물리적 현상을 해석하는 데는 관찰 또는 현상을 재현하는 실험적 방법과 수학적 언어를 사용하여 그 현상을 표현하는 방정식을 만들어 해석하는 방법과 사람의 수작업 등으로 간단히 구해지지 않는 복잡한 유동현상에 대한 **유체운동 방정식**을 컴퓨터를 이용하여 시뮬레이션하는 방법으로 나눌 수 있습니다. CFD는 이 마지막에 속하며, 물리현상을 해석하는 이러한 세 가지 방법은 서로 밀접한 관계를 가지고 있습니다. 유체 움직임에 대한 수학 방정식을 만들기 위해서는 탁월한 물리적 직관을 가져야 하며, 실험을 통해서 나타난 유체운동 현상에 대한 물리적 법칙을 발견하고 이해할 수 있는 바탕이 있어야 합니다. 지금 현재 사용하고 있는 유체 운동 방정식들은 지난 역사속의 물리학자, 수학자, 공학자들의 끊임없는 실험적, 이론적 노력과

발견에서 나온 산물들이라고 할 수 있습니다.

• 모형제작, 측정기술의 어려움과 함께 비용과 시간에 의해 제약을 받는 실험적 방법과 고전적인 수학적 유체 운동 방정식 해석법으로 풀기 어려운 실제적 문제들의 해답을 컴퓨터가 발달하면서 CFD를 통해서 구할 수 있게 되었습니다. CFD는 실제로 우리가 알고 싶은 선박, 자동차, 항공기 주위와 내부 그리고 다양한 기계, 화학공업장치, 전자기기 내부에 대한 복잡한 유동현상에 대한 시뮬레이션이 가능합니다. 이러한 점에서 CFD는 시간을 절감할 수 있는 경제적인 방법이고 시뮬레이션 과정에서 대부분의 유체 운동정보를 모두 얻을 수 있어서 효과적인 방법이라고 할 수 있습니다.

최근에는 수학자들에 의해 **유체 운동방정식**을 보다 효과적이고 정확하게 수치적으로 풀 수 있는 방법과 수학적 모델링들에 대한 많은 연구가 수행되고 있습니다. 그리고 난류유동과 같이 아직 완전하게 밝혀지지 않은 유체 운동 현상에 대해서도 수치해석이 가능하게 해주는 물리적 모델링들이 많이 개발되고 있어서 CFD발달에 깊이를 더해가고 있습니다.

원유의 분리

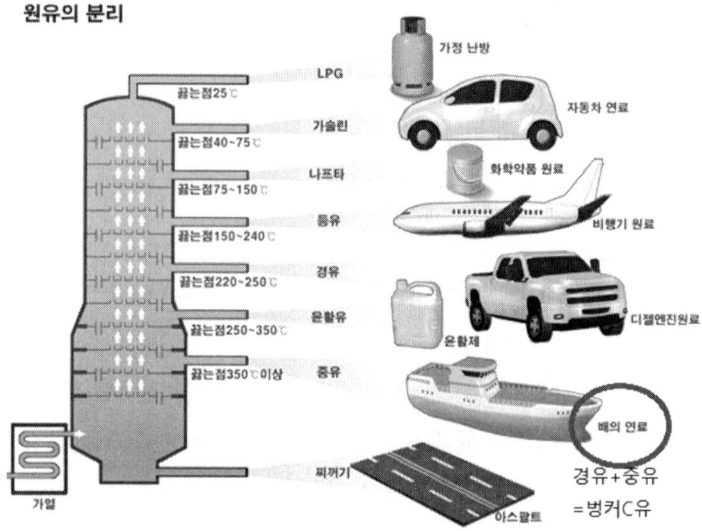

원유의 분리 작업과 배의 연료 중유

• 선박으로 인한 환경문제

국제해사기구(IMO, International Maritime Organization)는 2020년부터 선박연료유의 황산화물(SOx) 함유량의 상한선을 현행 3.5%에서 0.5%로 줄이자는 **환경보호** 규제를 결정하여서 지금까지 선박의 연료로 50년간 사용한 벙커C유를 사용하기 어렵게 됐습니다. 벙커C유에 함유된 황산화물 함유량은 자동차 연료보다 1천배에서 최대 3천배까지 높으며, 전 세계 선박이 자동차 수보다 훨씬 적은데도 배출하는 황산화물은 130배나 많습니다. 환경 규제를 실시하자 대안으로 떠오른 것은 천연가스(LNG)입니다. 황산화물 상한선 규제를 맞추려면 열효율이 높은 MGO (Marine Gas Oil · 선박용 경유)나 LNG (liquefied natural gas, 액화천연가스)로 선박 연료를 바꿔야 하는데, 세

일가스 열풍으로 LNG 향후 생산량이 급증할 것으로 예상되기 때문에 새로운 선박 연료로 각광받고 있습니다. 전문가들은 이번 환경 규제가 한국 조선산업에 호재라고 말합니다. 한국 · 중국 · 일본 가운데 고효율 선박 설계 능력은 한국이 가장 뛰어나기 때문에 다른 국가의 추격을 따돌릴 수 있을 것으로 보고 있습니다.

우리나라는 발빠르게 우방인 미국의 천연가스(LNG) 구매를 선점하여 한국가스공사는 2019년에 2025년부터 15년 동안 총 6억 1200만 달러어치 미국산 LNG를 구매하는 장기계약을 체결했습니다. 한국은 이미 미국의 최대 LNG 수입국입니다.

Chapter 19

건축물 (Architectures) 속의 수학

19.1. 건축물(Architectures)

피라미드(pyramid)와 고대 바빌로니아의 사원을 만들었던 건축가들은 모두 수학자들이었으며 로마시대의 건축가들은 수학, 천문, 지리 등 여러 가지 기술을 다룰 줄 알았습니다. 그뿐만 아니라 르네상스시대에도 건축설계에 기하학을 이용한 투시화법 등이 수학자이며 건축가인 사람들에 의하여 도입되었습니다.

당시에 많이 사용된 삼각형과 건축의 **트러스**(truss) 구조는 아래 그림과 같습니다.

수학과 건축과 같은 예술만큼 가까운 분야도 없습니다. 두 분야 모두 고도의 창의성과 상상력을 필요로 합니다. 또한 건축 이외에도 음악의 소나타와 교향곡, 시와 소설 등의 예술이 추구하는 '구조(플롯)의 아름다움'을 보여주는 데는 수학의 역할이 큽니다.

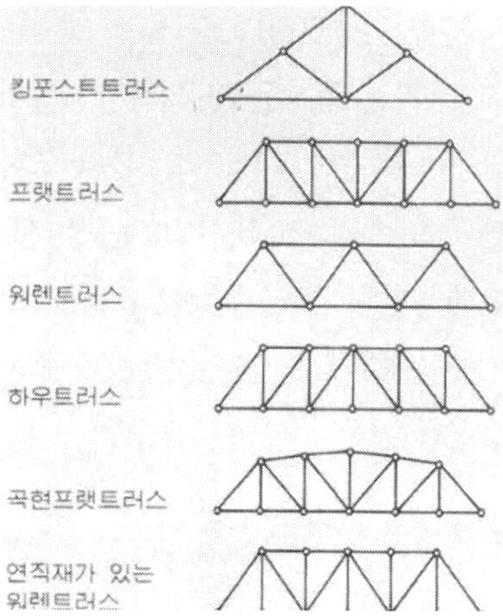

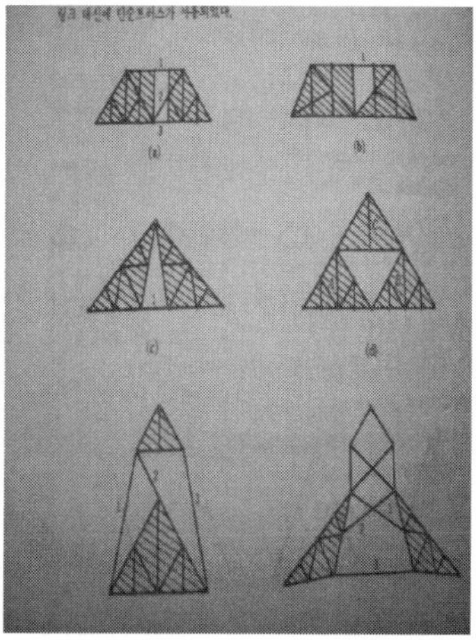

지구의 중력에 가장 잘 대응하는 구조가 삼각형으로 무게 중심이 정가운데서부터 아래쪽으로 치우칩니다.

삼각형의 경우 세 변의 길이가 정해지면 자동으로 각도가 고정되기 때문에 대단히 견고한 형태를 유지하게 됩니다.

건축가는 여러 가지 이유로 수학을 이용합니다. 건물을 엔지니어링 할 때 필요한 수학 외에도 건축가는 형상을 사용하여 건물의 공간적 형태를 정의합니다. 기원전 6세기의 피타고라스부터 조화로운 것으로 여겨지는 형태를 만들어 수학, 미적, 때로는 종교적 원칙에 따라 건물과 주변 환경을 배치합니다. 공간 분할과 같은 수학적 객체로 건물을 장식합니다. 고층 빌딩의 기저부 주변의 풍속을 최소화하는 등 환경 목표를 달성합니다.

다음은 여러 가지 건축물과 그 특징을 알아봅시다.

• 고대 이집트, 고대 그리스, 인도 및 이슬람 세계에서 피라미드, 사원, 궁전 및 무덤을 포함한 건축물은 종교적인 이유로 특정 비율로 배치되었습니다. 이슬람 건축에서는 기하학적 모양과 기하학적 타일 패턴을 사용하여 건물 내부와 외부를 장식합니다. 일부 힌두 사원은 힌두 우주론의 무한에 관한 메시지를 전하는 부분이 전체와 닮은 **프랙탈**(fractal)과 같은 구조를 가지고 있습니다. 중국 건축에서 복건성의 툴루(tulou of Fujian province)는 원형의 공동 방어 구조입니다. 21 세기에, 수학적 장식은 공공 건물을 덮기 위해 다시 사용되고 있습니다.

• **르네상스 건축**에서 고대 로마의 비트루비우스(Vitruvius)의 건축술(De architectura)와 고대 그리스의 피타고라스(Pythagoras, 기원전 570-495)의 산술에 영향을 받은 레온 바티스타 알베르티(Leon Battista Alberti), 세바스티아노 세를리오(Sebastiano Serlio) 및 안드레아 필라디오(Andrea Palladio)와 같은 건축가는 대칭과 비율을 의도적으로 강조했습니다. 19 세기 말 러시아의 블라디미르 슈 호프와 바르셀

로나의 안토니 가우디는 **쌍곡선 구조**(hyperbolic structure)의 사용을 개척했습니다. 사그라타 파밀리아(sagrada família)에서 **가우디**(Gaudí)는 쌍곡선 포물면(hyperbolic paraboloid), 테셀레이션(tessellation), 전차 아치, 카테노이드(catenoid), 나선 및 괘면(helicoid)을 통합했습니다. 20세기에는 현대 건축과 파괴주의와 같은 스타일이 원하는 효과를 얻기 위해 다양한 기하학을 탐구했습니다. 리차드 버크민스터 풀러(richard buckminster fuller)는 지오데식 돔(geodesic dome)으로 알려진 강력한 얇은 껍질 구조의 사용을 개척한 반면, 덴버 국제공항에서와 같이 텐트와 같은 지붕 덮개에서 최소한의 표면이 이용되었습니다.

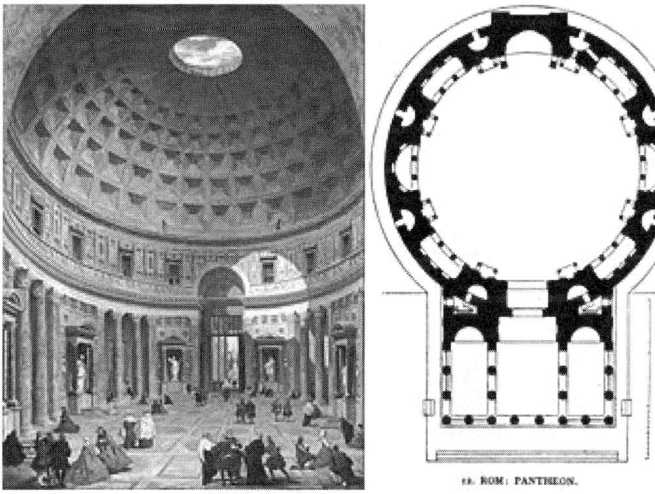

1758년 지오바니 파올로 파니니(Giovanni Paolo Panini)의 판테온 내부와 판테온의 평면도

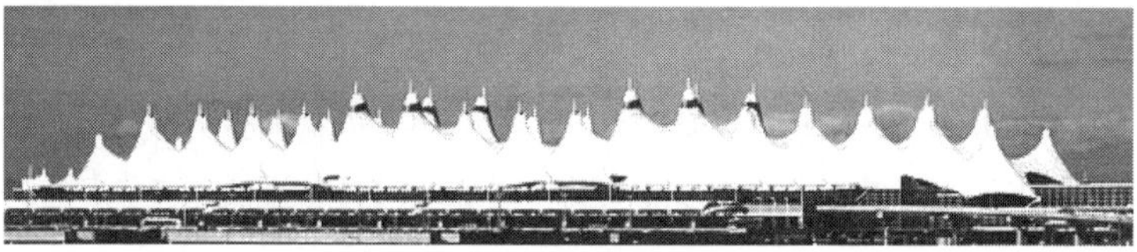

1995년에 완공된 덴버 국제공항의 최소평면(minimal surface) 지붕 표면은 콜로라도의 눈 덮인 산과 아메리카 원주민의 천막 텐트를 연상시킵니다. 수학에서 최소 표면은 면적을 국소적으로 최소화하는 표면입니다. 이것은 평균 곡률이 0 인 것과 같습니다.

• 건축가 리차드 버크민스터 풀러(Richard Buckminster Fuller)는 **측지돔**(geodesic dome)으로 알려진 강력한 얇은 쉘(shell) 구조를 이용하여 설계하는 것으로 유명합니다. 캐나다의 몬트리올 바이오스페어(Montréal Biosphère) 돔의 높이는 61 미터(200 피트)입니다. 직경은 76 미터(249 피트)입니다. 측지돔은 측지 다면체에 기초한 반구형 얇은 쉘 구조(격자 쉘)입니다. 돔의 삼각형 요소는 구조적으로 단단하고 구조 전체에 구조 응력을 분산시켜 측지돔이 크기에 대해 매우 무거운 하중을 견딜 수 있습니다.

몬트리올 바이오스페어 건축물

• 몬트리올 **바이오스페어**는 리차드 벅민스터 플러의 측지돔 형식의 대표적 건축물로, 퀘벡주 몬트리올에 있으며 풀러가 설계한 퀘

벡 67년 엑스포에서 미국 파빌리온 이었습니다.

타이완 스와로우스 네스트

수학적 영감에 의해 설계된 건축물이 세상에는 참 많습니다.

• 탄소방출0(Zero)인 타이완의 **스와로우스 네스트**(Swallows Nest)는 기하학의 **뫼비우스띠**(Möbius strip)에 영감을 받아 건축가 빈센트 칼레보트(Vincent Callebaut)가 타이완의 타이중 게이트웨이(Taiwan's Taichung gateway)공원에 이 건물을 설계하였습니다.

• 덴마크 코펜하겐의 **스카이빌리지**(Sky Village)는 116미터가 되는 타워로 수학적 모형을 쌓아서 만든 형상입니다.

덴마크 코펜하겐의 스카이 빌리지

· **사그라다 파밀리아** 성당은 건축가 안토니 **가우디**(Antoni Gaudi, 1852-1926)의 백미로 꼽히며, 스페인 바르셀로나에서 가장 유명한 건축물로 사그라다 파밀리아 성당을 보면 가우디가 위대한 건축가이면서 위대한 수학자임을 알 수 있습니다.

가우디는 기하학적으로 계산한 율동감 있는 형태를 빚어 부드러운 곡면과 다양한 색깔을 건축물에 채우기 시작했고, 사그라다 파밀리아 성당은 가우디 기하학의 집약체입니다. 가우디는 언제나 합리적인 구조체계를 바탕으로 건축했고, 그의 건축세계는 수학적으로 깊고 넓었습니다.

가우디의 사그라다 파밀리아 성당과 밀라주택

· 건축물을 요새화하는 건축은 높은 벽돌 벽을 가진 중세 요새에서 15세기 중반과 19세기 사이의 포병 폭격에 저항할 수있는 낮은 대칭 별 요새로 진화했습니다. 별 모양의 기하학은 보병을 공격할 때 방어 구역을 피할 수 있는 데드 존을 피할 필요성에 의해 결정되었습니다. 발사 지점의 측면은 그러한 화재로 지면을 쓸어 내고 각 돌출 지점을 넘어서(양쪽에서) 크로스 파이어를 제공할 수 있도록

기울어져 있습니다. 이러한 방어를 설계한 유명한 건축가로는 미켈란젤로, 발다 사레 페루지, 빈첸초 스카 모지 및 세바스티앙 르 프레스 트라 드 보반이 있습니다.

• 건축 역사가 지그프리드 **기디온**(Siegfried Giedion)은 별 모양의 요새화가 르네상스의 이상적인 도시의 패턴에 영향을 미쳤다고 주장했습니다.

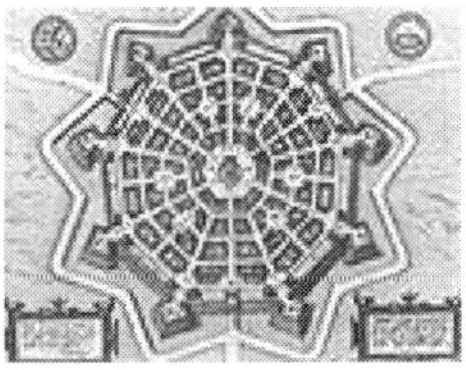

팔마 노바, 이탈리아 베네치아에 의해 세워진 별 요새. 17세기

프랑스 알사스 지방에 있는 알사스 바우반 요새 중 하나인 뇌프 브히사슈(Neuf-Brisach)은 8각형의 요새화 된 도시로1697년 지어졌습니다. 이곳은 프랑스와 신성 로마 제국 그리고 독일 국가 사이의 국경을 지키기 위한 요새였습니다.

19.2. 현수교(Suspension Bridges)

터키 '**차나칼레**(Canakkale)대교'에 도전하는 대림산업 · SK건설은 63빌딩보다 높은 318m 주탑 2개를 세우는데 성공했고, 태풍급 강풍 · 파도와 싸우며 현수교 '마의 2' 한계에 도전하고 있습니다. 차나칼레 대교엔 포스코와 고려제강이 만든 강철 케이블이 공급됩니다. 포스코는 강도를 끌어올린 초고강도 철을 공급하고, 고려제강은 이 철로 가는 철사를 만듭니다. 직경 5.75㎜ 가는 철사 127가닥이 모여 철줄 하나가 되고, 다시 이 철줄 148개로 거대한 철 밧줄인 케이블을 만들어 다리 상판을 주탑에 매답니다. 현존하는 최고 강도 현수교 케이블이 될 것입니다. 이런 기술력이 응집된 차나칼레 대교는 최대 초속 69m 바람도 견뎌낼 수 있을 것입니다. 차나칼레 대교가 완성되면 차로 8시간 돌아가야 하는 다르다넬스 해협(Dardanelles Strait) 반대편 도시를 10여 분이면 갈 수 있게 된다고 합니다.

세계 최장 '톱6' 현수교

	주탑 간 거리
차나칼레 대교(터키·건설 중)	2023m
아카시 대교(일본)	1991m
시허우먼 대교(중국)	1624m
그레이트 벨트 대교(덴마크)	1624m
이즈미만 대교(터키)	1550m
이순신 대교(한국)	1545m

조선일보 제공, 세계 최장 톱6현수교 리스트, 우)생활 주변의 현수선

차나칼레 대교 건설 현장 근처 사무실 칠판에는 복잡한 수식이 빼곡하게 적혀 있습니다. 대림산업과 SK건설 엔지니어들이 바람의 영향을 수식으로 계산한 흔적입니다. 주탑 꼭대기에는 태풍과 맞먹는 초속 수십m 바람이 늘 부는데, 현장 엔지니어들은 시시각각 바람과 파도의 영향을 분석하고 이런 변수에 대응하면서 현장을 지휘해야 합니다.

• 목걸이 등의 사슬을 양쪽에서 잡으면 자연스럽게 아래로 처진 곡선이 형성됩니다. 이를 **현수선**(懸垂線, Catenary)이라고 하며, 현수선은 그 자체의 하중(중력)과 인장력으로만 구성되므로 힘의 균형이 매우 안정적입니다. 따라서 외부의 힘이 별도로 작용하지 않는 한, 오래도록 그 형태를 유지할 수 있습니다. 그런 까닭에 일상 혹은 자연의 곡선으로서 우리는 현수선을 주변에서 쉽게 마주할 수 있습니다. 예를 들어 전봇대 사이의 늘어진 전깃줄이나 옥상에 세운 빨랫줄, 거미줄의 방사형 구조 등이 그것입니다. 그러나 조금씩 외부의 하중이 더해지게 되면 이러한 현수선의 모습에도 변화가 생깁니다. 가령 비어있는 빨랫줄로 자연스럽게 형성된 곡선은 더해지는 빨랫감의 무게에 따라 변형이 발생하는 것을 알 수 있다. 이렇게 되면 현수선은 사라지고 곡선은 점차 포물선의 형태로 변합니다. 종래에 빨랫줄이 빨랫감의 무게를 감당할 수 없게 되면 포물선도 무너지고 빨랫감은 바닥에 떨어질 것입니다. 따라서 빨래를 두 번 하지 않으려면, 현수선을 형성하는 양측면의 지지대가 쓰러지지 말아야 하고, 빨랫줄 또한 튼튼해서 충분한 인장력을 확보할 수 있어야합니다. 이렇게만 된다면 이론상 두 지지대 사이의 거리가 얼마든지 멀

어져도 무게를 감당할 수 있게 됩니다. 이러한 원리를 인공적인 구조물로써 극대화하여 구현한 것이 흔히 볼 수 있는 **현수교**(懸垂橋, suspension bridge)입니다. 수학은 이처럼 건축구조물 거의 모든 형태에 적용되고 있습니다.

Chapter 20

대기(Atmosphere)와 대양(Ocean) 속의 수학

20.1. 기상(Weather)

• 날씨와 경제

"**날씨가 곧 돈**"이라는 생각으로 바뀌면서 날씨경영을 하는 기업들이 늘어난다고 합니다. 영국 국민은 날씨에 대해 과민 반응을 보여왔고 영국은 기상청이 국방부 산하에 있습니다. 이것은 과거에는 특히 전쟁에서 날씨가 승패의 요소이다 보니 오랜 세월 동안 전 세계의 넓은 지역에서 전쟁을 많이 해온 영국에서는 기상청이 국방부 산하에 있는 것 아닐까 싶습니다. 그런데 미국의 경우 **기상청**(Meteorological Administration)이 상무부 소속입니다. 그래서 날씨가 돈이 되느냐는 질문이 나오게 된 것입니다.

2,500년 전에도 날씨를 이용해 큰 돈을 번 그리스 사람이 있었는데, 바로 철학자겸 천문학자 **탈레스**(Thales)입니다. 탈레스는 날

씨를 이용해 돈을 벌 수 있다고 친구들에게 장담했는데 하늘의 색과 구름의 모양 및 움직임을 관측하여 그것과 날씨의 연관성을 살피는 것을 통해 지금의 터키에 올리브가 풍년이 들 것으로 예측합니다. 탈레스는 올리브 압착기를 매점매석했고 그해 올리브는 엄청난 풍년이 들었고, 압착기 가격은 수십 배로 올라 탈레스는 주체할 수 없을 만큼 큰돈을 벌었다고 합니다.

• 날씨와 전쟁

날씨가 전쟁의 승패를 좌우한다고 했는데 2400년 전 가장 뛰어난 기상학자이기도 했던 **아리스토텔레스**(Aristotle)는 "날씨는 인류의 모든 것을 지배한다"라고 말했습니다. 그의 말처럼 사람들은 살아가는 중에서 의식하든 의식하지 못하든 날씨의 직간접적인 영향을 받습니다. 날씨가 사람들의 건강 · 정서 · 경영 · 농업 · 전쟁 등 모든 부분에 영향을 주기 때문입니다.

사람들은 단기적인 날씨 변화에 따라 많은 영향을 받지만 날씨가 오랜 세월 동안 축적돼 형성된 기후는 역사의 흐름을 바꿉니다. 역사 이래 인간의 집단 행위 중 가장 잔인한 행위가 전쟁인데, 제갈량은 동남풍으로 적벽대전의 승리를, 고구려는 수와 당나라의 전쟁에서 장마와 추위로 원정 나온 수 · 당에게서 승리를 거머쥐었습니다. 십자군의 결정적 패배는 이슬람 살라딘 장군이 더위를 잘 이용한 때문이었고, 칭기즈칸은 비오는 날에만 전투를 벌여 날씨를 가장 잘 이용해 동유럽군을 이기고 세계 최대의 제국을 건설했으며, 겨울 혹한은 나폴레옹에게 러시아원정의 패배를 가중 시켰습니다. 이 밖에도 수많은 전쟁에서 날씨는 승패를 좌지우지 했습니다. 우리나라의 전쟁에서는 수, 당과의 싸움이외에도 이순신의 명량해전, 맥아더의 인천상륙작전 등 날씨와 관련한 승리들입니다.

(좌)나폴레옹군의 러시아원정은 혹한의 겨울이었습니다. 원정군의 사기를 떨어뜨리는데 큰 몫을 했었습니다. (우)인천상륙작전의 성공은 미공군기상대의 정확한 기상예보 덕분이었습니다. D-day 였던 1950년 9월 15일은 50년래 서해 인천앞바다의 조수간만의 차가 가장 작은 날로 예보되었기에 가능했었습니다(위키이미지 참조).

• 날씨와 GDP

우리나라의 기상정보 활용 이익 효과는 연평균 1조원에 달하며, 기상정보 활용 가치는 연간 3조 5,000억 원 정도이며, 선진국 수준으로 높아지면 6조 5,000억 원까지 높아질 것으로 예상하기도 합니다.

미 상무부는 날씨에 민감한 산업을 분류한 후 이 산업들이 차지하는 **국내 총생산**(gross domestic product, GDP) 비율을 분석했습니다. 날씨에 가장 민감한 산업은 농업, 임업, 수산업, 건설업, 운송 및 공공시설(전기 · 에너지업 포함), 소매업, 금융, 보험, 부동산업 등이며, 이들이 차지하는 GDP 비율은 약 42%정도이며 즉 미국 산업의 절반이 날씨에 영향을 받는다는 것입니다. 일본의 경우 51%가 날씨의 영향을 받는 것으로 나타났습니다. 연구에 의하면 우리나라는 52%로 미국보다 날씨에 더 많은 영향을 받는다고 합니다.

날씨의 주요 영향은 온도를 통해 발생하며 GDP의 성장을 주도합니다. 온도가 높을수록 빈국은 부국보다 훨씬 더 많은 영향을 받습니다. 총 생산량(GDP) 생산성에 가장 큰 영향을 미치며, 빈국일수록 영향이 크며, 국제적 불평등의 중요한 원인이 기후 변화라는 연구결과도 있습니다.

기상정보 활용은 기술혁신이나 국제 경쟁력 강화에도 필수적입니다. 기상정보의 경제적 가치를 높게 평가한 미국은 **산업기상**(産業氣象) 연구에만 해마다 2조 7,000억 원을 쏟아 붓고 있고 기상정보의 가치를 경제와 연관시켜 활용하고자 기상경제(氣象經濟) 연구에 엄청난 투자를 하고 있습니다.

20.2. 유체역학(Fluid Mechanics)

그러면 기상학과 수학의 관계에 대해서 살펴보겠습니다. 대기과학의 한 분야인 **수치모델링**(numerical modeling)은 대기의 운동을 지배하는 역학과정과 물리법칙들을 표현하는 수학적인 식으로 구성된 수치모형을 개발하는 것을 의미합니다. 급변하는 기후 체계로 인해 수치모형을 이용한 수치예보에 대한 사회적 요구가 증대되었고, 이로써 수치 예보는 기상학에서 매우 중요한 위치를 차지하고 있습니다. 수치모델링 연구자들은 단기 및 중-장기 예보에 활용할 수 있는 지역별 수치모형을 자체 개발함으로써 수치 예측도 향상을 도모합니다. 개발된 모델을 이용해 이상 기후를 유발하는 메커니즘을 과학적으로 분석하고 이해하는 연구를 중점적으로 수행하고 있습니다.

• **유체역학**(Fluid Mechanics)을 다루는 기상학과 해양학에서의 유체역학은 그 학문과 연구의 뿌리에 수학이 존재합니다. '나비에-스토크스 운동방정식'은 힘이 주어질 때 유체의 입자들이 가속되는 힘과 운동의 연관성을 뉴턴의 제2법칙에 따라 표현했습니다. 하지만 고전역학의 관점에서 각각의 유체입자들의 운동을 표현하기에는 입자들이 너무 많아서 각각의 입자를 따라가는 **라그랑지**(Lagrange) 관점이 아니라 주어진 좌표에서 유체의 운동을 표현하는 오일러 관점에서 유체의 운동을 기술하였습니다. 오일러 관점에서 유체 입자들의 시간에 따른 변화는 '전미분(total derivative)' 또는 '**물질미분**(material derivative)'이라 부르며 이는 유체의 운동을 기술하는데 필수적인 개념으로 자리 잡게 되었습니다.

유체 속도를 전미분하면 유체의 가속도가 되며 이는 유체에 가해진 힘으로 표현됩니다. 그 중에서도 유체의 특수한 성질에 의하여 '질량에 미치는 힘(body force)'과 '표면에 미치는 힘(surface force)'의 2가지 힘을 고려해야 합니다. 지구 위에서 운동은 비관성좌표계의 운동이기 때문에 지구의 자전으로 인하여 2가지의 중요한 '겉보기 힘(fictitious force)'이 운동방정식에 나타납니다. 그 첫 째는 전향력 또는 코리올리 힘(Coriolis force)이며 다른 것은 원심력입니다.

• 지구에서 일어나는 큰 규모의 운동을 보면 수평방향으로는 '코리올리 힘'과 '기압경도력(pressure gradient force)'이 대체로 평형을 이루고 있습니다. 이를 '**지균평형**(geostrophic balance)'이라고 일컫습니다. 수직적으로는 대체로 '**정역학적 평형**(hydrostatic balance)'을 이루고 있습니다. 하지만 대기와 해양에서의 자세한 운동을 표현하는데 있어서 위에 언급한 평형에서 벗어난 작은 힘들이 매우 중요합니다. 따라서 운동방정식을 지배하는 지균평형의 두 힘을 제거하기 위하여 방정식에 회전(curl)을 취하게 되었습니다. 결과적으로 생산되는 운동방정식을 '**소용돌이도 방정식**(vorticity equation)'이라 합니다. 소용돌이도 방정식에서는 기압경도력과 코리올리 힘의 주된 평형이 상쇄되어 더 약한 힘들이 어떻게 평형을 이루는지 볼 수 있다는 큰 장점이 있습니다.

• **운동방정식**(equation of motion)을 벡터공간에서 표현한 것은 특정한 좌표계와 관계없이 운동을 기술하기 위함이었습니다. 하지만 실제로 문제를 풀기 위하여 특정 좌표계에서 운동방정식을 기술할 필요가 생겼습니다. 하지만 여러 좌표계에서 복잡한 운동방정식을

기술하는 것이 쉬운 일은 아니며 이를 위하여 일반적 곡선좌표계에서의 벡터 미적분학이 도입이 되었습니다. 곡선좌표계에서의 벡터 미적분학의 도입으로 인하여 유체의 운동을 여러 좌표계에서 표현하는 것이 한층 용의해진 것은 두말할 필요가 없습니다.

Claude-Louis Navier
1785-1836

Sir George Stokes
1819-1903

$$\rho\left[\frac{\partial \vec{v}}{\partial t}+\left(\vec{v}\cdot\vec{\nabla}\right)\vec{v}\right]=\vec{f}-\vec{\nabla}p+\mu\nabla^2\vec{v}$$

Navier-Stokes Equation

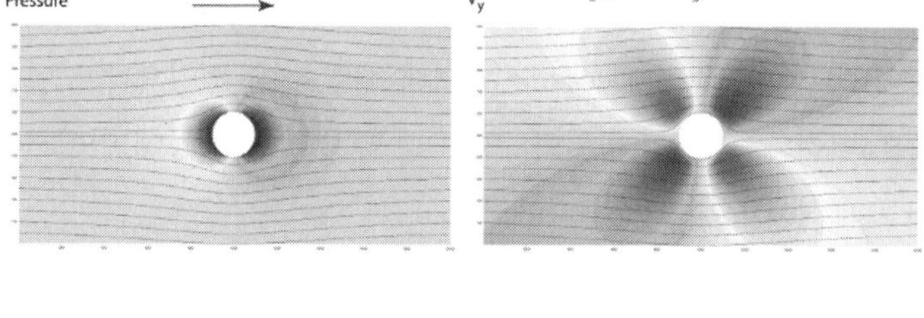

나비에-스토크스 방정식(Navier-Stokes equations) 또는 N-S 방정식은 점성을 가진 유체의 운동을 기술하는 비선형 편미분방정식으로 클로드 루이 나비에와 조지 가브리엘 스토크스가 처음 소개하였습니다. 오일러 방정식을 확장한 것으로 날씨 모델, 해류, 관에서 유체 흐름, 날개주변의 유체흐름 그리고 은하 안에서 별들의 움직임을 설명하는데 쓰일 수 있으며 실제로 항공기나 자동차 설계, 혈관내의 혈류, 오염물질의 확산 등을 연구하는데 사용되고 있습니다. 나비에는 프랑스 공학자이자 물리학자였고, 스토크스 경은 영국의 수학자이자 물리학자였습니다.

• **'나비에-스토크스 운동방정식'**은 비선형일 뿐 아니라 복잡한 경계조건이 주어지면 더더욱 해를 구하기 힘듭니다. 제2차 세계대전의 발발로 인하여 대기와 해양의 물리적 조건을 이해하고 예측하는 문제는 그 중요성이 크게 증가하였습니다. 전 지구적 순환장을 예측하기 위하여 기후모델은 필수적이며 기후모델을 구축하기 위한 계산과학의 도입이 절실해졌습니다. 지구 위에서 일어나는 해양과 대기의 운동은 구면좌표계에서 가장 잘 표현되며 따라서 처음 시도된 전구모델은 대체로 **구면조화함수**(spherical harmonics)로 구성된 **'스펙트럼 모델**(spectral model)'이었습니다.

스펙트럼 모델이란 변수를 구면조화함수의 선형적 합성(linear superposition)으로 나타내며 그 합성꼴을 운동방정식에서 결정하는 모델을 일컫습니다. 스펙트럼 모델을 이용하여 극에서 경도선이 다 모여 생기는 **특이점**(singularity)을 쉽게 해결할 수 있었으나 모델 구축의 어려움, 계산의 병렬화, 및 모델 해상도 증가 등에 있어서 여러 문제점이 노출 되었습니다.

20.3. 계산과학(Computational Science)

계산과학의 발전과 계산 능력의 향상으로 인하여 점차 '**유한차분법**(finite difference method)'에 근거한 모델이 자리를 잡게 되었습니다. 유한차분법이란 운동방정식의 각 항들을 테일러급수를 이용하여 다항식의 형태로 근사하는 방법을 일컫습니다. 유한차분법에 근거한 모델은 사각형 격자뿐 아니라 여러 가지 형태의 격자를 만들 수 있고 병렬계산에 유리하며 계산의 해상도를 높이는 것도 용이하다는 장점이 있습니다. 특별히 다중격자를 이용하여 극에서 생기는 특이점을 해결한 것도 유한차분법이 각광을 받게 된 큰 요인이 되었습니다.

유한차분법 외에도 '**유한요소법**(finite element method)'에 근거한 모델도 구축할 수 있는데 유한요소법은 섬같이 여러 가지 복잡한 경계조건을 정확히 표현할 수 있다는 장점이 있는 반면 모델을 구축하기에 어려움이 많다는 약점도 있습니다. 이밖에 '**유한체적법**(finite volume method)'을 이용한 화학수송모델도 종종 볼 수 있습니다.

지구 위에서의 유체운동(fluid motion)을 계산적으로 풀면서 직면하게 된 큰 문제는 수직방향 모델 격자를 어떻게 주어야 지형에 의한 수평방향의 불연속성을 해결할 수 있는가 하는 것이었습니다. 해양에서는 육지에 의해 해류의 흐름이 막히고 소위 '**서안경계류**(western boundary current)'라는 좁고 빠른 유속을 가진 해류가 해양의 서안에 생성되며 이를 정확히 묘사하기 위하여 고도의 해상도를 가진 모델이 필요하였습니다.

• 대기 운동의 경우 지형이란 수평방향의 경계조건의 역할보다는 수직방향의 경계조건으로서 그 역할이 훨씬 중요하였습니다. 그리하여 고도에 따라 격자를 나누는 대신 등압력면에서 격자를 정의한 압력좌표계를 탄생시켰습니다. 압력좌표계 역시 지형에 의하여 생기는 수평방향의 불연속성을 완전히 해결하지 못하여 지형을 따라 정의되는 '시그마좌표계'가 도입이 되었습니다. **시그마좌표계**(Sigma coordinate)는 표면에서의 압력에 대한 압력의 비례로 층을 나누는 방법으로서 일반적으로 지형을 따라 매끄럽게 수직층이 결정되므로 수평방향의 불연속 문제가 크게 해소가 되었습니다. 하지만 유체가 일반적으로 등압면이나 등밀도면을 따라 움직이기 때문에 시그마좌표계의 사용은 모델을 구축하는데 여러 가지 복잡한 문제가 있는 것도 사실입니다. 따라서 시그마좌표계와 **등압좌표계** 또는 시그마좌표계와 **등밀도 좌표계**를 섞은 '**혼합좌표계**'가 나타나기 이르렀습니다.

• 대기와 해양의 운동의 기술이 대체적으로 결정적(deterministic)인 방정식에 의하여 이루어집니다만, 운동방정식의 비선형 항 및 변수들의 추계적(stochastic) 관계에 의하여 모델자료나 관측자료에 나타나는 변동성은 결정적인 서술이 불가능한 경우가 많습니다. 이러한 **자연변동성**(natural variability)을 표현하기 위하여 통계적인 개념이 도입되었고 관측자료를 확률변수로 간주하고 자연변동성을 확률적으로 표현하기 시작한 것입니다. 이러한 통계 수학의 도입은 기상학에 많은 변화를 가져다주었습니다. 순간순간 변화하는 기상장에 근거한 연구와 더불어 긴 자료 안에 있는 여러 가지 변화의 양상을 통

계적으로 바라보는 연구를 병행하기 시작한 것입니다. 이러한 새로운 시각은 '**선험적 직교함수**(EOF, empirical orthogonal function)'라는 새로운 분석기법을 탄생시켰습니다.

선험적 직교함수라는 것은 자료로부터 시간에 따라 상관성이 없으며 서로 직교하는 패턴들을 의미하며, 자료를 이러한 선험적직교함수의 선형적 합성으로 표현하고 선험적직교함수의 모양과 그 진폭의 변화로 기후변동의 물리적 · 통계적 분석을 가능케 한 것입니다. 이 직교함수 분석은 기후학에 지대한 영향을 미쳤으며 지금까지도 많은 연구들이 이를 이용하여 이루어지고 있습니다. 통계의 도입은 다분히 획기적이며 해양과 대기의 기후학적 연구에 큰 획을 긋는 시도였습니다.

20.4. 기상관측(Meteorological Observation)

자료 분석의 측면뿐 아니라 관측이나 자료 생산에 있어서 통계수학의 역할은 그 어느 때 보다 더 중요합니다. 전 지구를 동시에 관측하는 것은 여러 면에서 매우 중요하며, 위성에서 지구를 관측하는 것은 앞으로 지구를 관측하는 주된 방법이 될 터인데 위성에서 대기나 해양 변수를 직접 관측하는 것은 극히 드문 일입니다.

마이크로파의 산란과 흡수를 이용하여 대기 중에 있는 수분의 양을 측정하고 파의 산란을 측정하여 해수면 고도의 바람을 측정합니다. 심지어는 해수면 온도같이 적외선으로 직접 관측할 수 있는 변수도 구름이나 강수의 영향을 제거하기 위하여 통계적인 기법이 중요하게 쓰일 수 있습니다.

• 수학과 통계의 도입은 대기와 해양의 물리적 연구에 큰 기여를 하였습니다. 하지만 앞으로의 연구에서 더 중요한 것은 수학, 통계와 물리를 자료와 어떻게 연관시키느냐 하는 데 있으며, 한정된 자료를 기상 · 기후모델에 접합시키는 자료동화나 기상 모델을 관측자료로 초기화시키는 자료 초기화 문제 같은 것이 이러한 접목의 좋은 예라고 하겠습니다. 이 단계에서 더 나아가 자료동화 기법을 수학적으로 가속화시키는 기법이라든지 모델 격자보다 작은 물리적 기작을 모수화(subscale parameterization)하는 수학 · 통계적 기법, 위성 · 레이다 관측의 정확성을 높이기 위한 통계 · 물리 · 수학 기법의 중요성은 우리가 세계적으로 앞서 나갈 수 있는 좋은 분야이며 대기나 해양의 연구에서 국제적인 주도권을 잡기 위한 필수적인 연구라고 하겠습니다. 아무리 계산 능력이 빠른 속도로 늘어난다 하더라도 전지구에서의 해양 · 대기 운동을 100미터 단위격자에서 풀어내는 것은 가까운 시간 내에 가능한 일이 아닐 것입니다. 그래서 더욱 더 물리, 수학, 통계, 계산, 자료를 접목시킬 수 있는 발전된 패러다임이 절실히 필요한 것입니다.

결론적으로 기후변화는 장기적으로 지구를 위협하는 재해 중 하나입니다. **지구 온난화**(global warming) 현상 탓에 빙하가 녹으면서 갈수록 높아지는 해수면이 해안가 사람들의 삶을 위태롭게 만듭니다. 태평양에 있는 투발루(Tuvalu) 섬의 경우, 조만간 섬 전체가 물에 잠길 위기에 처했을 정도입니다. 빙하가 줄고 해수의 온도가 높아지며 극지방에 서식하는 각종 생물이 멸종 위기를 맞기도 합니다.

지반이 흔들리기 때문에 화재, 수도, 전기, 가스, 통신망의 파괴 등과 같은 2~3차 피해가 많이 발생하고, 지진파가 도착하는 시간이 짧아 대비할 수 있는 여유가 적기 때문입니다. 하지만 무엇보다 가장 큰 이유는 예측이 어렵다는 점입니다. 지진과 비슷하게 지각에서 발생하는 자연재해인 화산 폭발은 미리 알 수 있습니다. 마그마가 지각을 뚫고 나오기 전 주변의 땅속 온도가 상승하고 특유의 가스가 발생하며 땅울림이 감지되는 등 '**전조 현상**(precursor)'이 다양하기 때문입니다. 하지만 지진은 뚜렷한 전조 현상이 거의 없습니다. 거대한 단층면이 갈라지며 지진을 일으키기 전에 단층면이 힘을 견디지 못하고 흔들리는 '**미소 지진**(micro earthquake)'이나 갈라진 단층면에서 새어 나온 **라돈**(radon) 가스로 큰 지진을 예측할 수도 있긴 하지만 둘 다 성공률은 높지 않습니다. 그래서 과학자들은 다른 방법을 찾고 있습니다.

• 기존에 발생했던 지진들의 데이터를 분석해 발생주기를 찾거나, 땅속에 쌓인 힘(응력, stress)의 양을 추적해 다음에 지진이 발생할 확률이 높은 지역을 감시하는 것이지요. 실제로 이 방법으로 2005년 인도네시아 수마트라 섬에 일어난 규모 8.6지진과 2010년 아이티에서 발생한 규모 7.6 지진을 예측할 수 있었습니다. 다만 아이티 지진은 나라가 가난한 탓에 대비가 부족하여 사상자 22만 명이라는 안타까운 결과를 낳았습니다.

• 학자들은 위도, 경도 및 크기를 변수로 사용하여 캘리포니아, 중앙 미국, 미국 북동부, 하와이, 터키 및 일본 단층 지대에서 20년간의 지진 데이터를 기반으로 혁신적인 수학적 모델 분석을 수행하

고 있습니다. 지진의 분포 및 공간 연결 모델을 사용하여, 각 장애 구역 주변에서 무작위로 발생한 지진 내에서 식별 가능한 패턴이 발견되었습니다. 이런 연구는 성공적인 예측의 가능성을 개선하여 지진학에 효과적으로 기여합니다.

크리스 존스(Chris Jones) 교수는 채플힐에 있는 노스캐롤라이나 대학교(University of North Carolina)의 수학 및 기후 연구 네트워크(MCRN)소장으로 2020년 MPE(Mathematics of Planet Earth)상 수상자입니다. 산업 및 응용 수학 학회(The Society for Industrial and Applied Mathematics, SIAM)와 SIAM 내 지구 수학 활동그룹은 존스 교수가 기후 연구에 수학자를 참여시키는 데 있어 리더십을 발휘했으며, 기후 과학과 지구의 수학에 많은 기여를 했다고 인정한 것입니다. MPE상은 2020년부터 2년마다 한 사람에게 MPE와 관련된 주제 분야에서 상당한 과학적 연구 또는 과학적 아젠다에 대한 지속적인 또는 중요한 기여를 한 사람에게 수여 될 것입니다(unc.edu 참조).

• 지진예측

지구물리학자나 수학자들이 언젠가 지진 사건을 예측할 수 있을까요? 불행히도, 지진 예측은 날씨 예측만큼 신뢰할 수 없습니다.

주어진 영역의 응력 프로파일(profile)과 함께 정확한 결함 지오메트리를 아는 것은 미래의 지진 사건의 규모와 파형을 예측하는 데 도움이 될 수 있습니다.

• 지진과 **빅데이터**의 관계를 살펴보겠습니다. 해마다 지진 재해 소식이 들려옵니다. 지진은 자연재해 중에서 가장 위험합니다. 예고 없이 발생하기 때문에 건물과 시설이 많은 도시일수록 그 피해가 막심합니다. 온 지면을 마구 흔들어 놓는 지진 앞에서 인간이 할 수 있는 일은 별로 없습니다. 하지만 인간은 지진을 극복하려는 노력을 포기하지 않습니다. 지진 피해를 예방하는 가장 효율적인 방법은 예측과 조기 경보입니다. 과거에 발생했던 지진의 빅데이터를 분석하면 위험 요소나 지진에 취약한 지역 등 그동안 우리가 알지 못했던 정보들을 파악할 수 있습니다. 또한 완벽히 예측할 수는 없지만 특정 지역에서 지진이 일어날 확률도 계산할 수 있습니다. 이러한 빅데이터 정보를 바탕으로 **지진 조기경보**를 내려 피해를 최소화할 수 있습니다.

• **GPS 정보**를 분석해서 지진 경보를 미리 내리는 기술도 있습니다. 이것은 수많은 사람에게 스마트폰이 보급돼 있기에 가능한 방법입니다. 지진이 발생하면 그 순간 스마트폰의 GPS 수신기가 갑자기 한쪽방향으로 휘청거립니다. 단지 몇 대의 휴대전화가 움직였다면 지진일 가능성이 낮지만, 수천 대의 휴대전화가 동시에 움직인다면 지진일 가능성이 높습니다. 이런 상황에서 모든 스마트폰에 지진 경보를 울리게 하는 겁니다. 지진과 같은 큰 재난 상황에서는 페이스북이나 트위터와 같은 SNS의 미디어 데이터가 유용하게 사

용됩니다. 가령 피해 지역의 피해 규모가 어느 정도인지 직접 확인하기 어려울 때, 위치가 태그된 트윗이나 댓글이 중요한 정보원이 됩니다. 구글과 페이스북은 각각 '사람 찾기(person finder)', '안전 확인(safety check or crisis response)'라는 **사람 찾기 서비스**를 제공하고 있습니다. 쉽게 말해서 실종자나 사망자 정보를 데이터베이스로 빠르게 구축할 수 있게 한 것입니다. 만약 A라는 사람의 안전이 한 번만 확인된다면 이후에 다른 사람이 A의 안전을 확인하기 위해 일을 두 번 하지 않아도 되기 때문에, 신속한 재난 구호가 가능합니다.

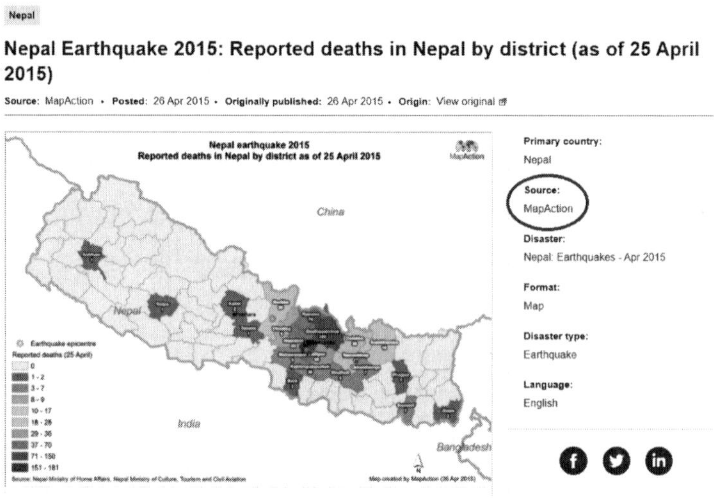

보고된 부상자들의 수를 구역별로 나타낸 네팔 지진 지도(2015년 4월 27일 자)맵액션

• 재난 상황에서는 정확한 지도가 필수입니다. 영국의 자선 단체 **'맵액션**(Map Action)'은 대규모 지진으로 피해를 입은 네팔을 돕기 위해 공간 지도를 만들었습니다. UN과 국제 자선 단체가 구호 인

력과 물품을 현장에 효과적으로 배치하고 전달할 수 있도록 하기 위해서죠. 재해 현장의 위치, 피해 규모, 해당 지역의 인구 분포를 비롯해 파괴되지 않은 도로의 위치, 구조 대원의 수와 구호 기지의 위치 등을 3차원 지도로 표현했습니다. 재난 상황에서는 재난 지역도 다양하고, 구호 기지도 다양해서 혼란스러울 수 있습니다. 맵액션은 시뮬레이션으로 각 구호 기지에서 재해 지역을 연결하는 최단 경로를 찾아 제공합니다. 넓은 지역을 대상으로 여러 조건을 동시에 고려해야 하는 상황에서는 수많은 조합을 동시에 분석해야 하는데, 이러한 소프트웨어의 도움이 없다면 사실상 불가능하겠지요.

21.2. 쓰나미(Tsunami: 지진해일)

세계 각지에서 수많은 지진이 일어나고 있는데, 지구상에서 발생한 가장 큰 지진은 어떤 것일까요? 1960년 5월 22일 남아메리카 칠레 앞 태평양 해저에서 일어난 칠레 지진은 모멘트 매그니튜드(moment magnitude)가 9.56으로, 기록이 남아 있는 지진 가운데 가장 큰 지진입니다. 해저 단층의 길이는 남북 방향으로 1,200km로 추정되었고, 이 단층의 출현으로 인하여 발생한 **쓰나미**(tsunami)는 태평양 전역으로 전달되어 진원으로부터 수천 킬로미터 떨어진 하와이 제도는 물론 만 수천 킬로미터나 떨어진 일본에도 큰 피해를 입혔습니다.

• 칠레에서 일본을 향하여 최단 거리로 나아가면 동쪽에서 일본 열도에 도달하게 됩니다. 이런 일본과 칠레의 지리적 관계가 일본 열도 특히 동북 지방의 산리쿠 해안에 쓰나미로 인한 큰 피해를 가

져왔습니다. 산리쿠 해안과 미에현 시마반도의 리아스식 해안 지역에는 만 입구가 대부분 동쪽을 향하여 열려 있기 때문에 동쪽에서 전달되어 온 쓰나미의 에너지가 그대로 만 안에 도달하여 막대한 피해를 일으켰습니다.

쓰나미는 5월 24일 오전 2시경부터 일본 각지를 덮쳤습니다. 쓰나미의 높이가 산리쿠 해안에서는 5~6m, 홋카이도 남해안과 시마반도, 오키나와에서는 3~4m에 달하였습니다. 일본 열도 전역서 사망자와 실종자 139명, 가옥 전파 및 유실 2,800채, 반파된 가옥은 2,000채라는 피해를 입었습니다.

칠레 지진 쓰나미는 지진 발생으로부터 22시간 뒤에 일본 열도를 직격했는데, 왜 쓰나미의 내습을 사전에 알지 못했을까요? 23일 오전 4시를 지나 일본 각지의 지진계에도 지진이 기록되었습니다. 따라서 칠레에 대지진이 발생했다는 것은 이미 알려져 있는 상태였지요. 이 시점에서는 다음날 아침 50cm 정도의 쓰나미가 일본에 도달할 것으로 예측되었으나 발생 후 18시간이 지나 하와이에 쓰나미가 도달하여 하와이 섬 힐로에서 사망자 61명이라는 대재해가 일어났습니다. 이 소식은 기상청에도 들어온 것 같았지만, 결국 쓰나미 정보는 지진 해일의 첫 번째 파가 도달하기 전까지 발표되지 않았습니다. 칠레에서 일어난 대지진을 과소평가하여 긴장감이 결여된 것이 쓰나미 피해로 이어졌던 것입니다.

• 현재 로그(log)는 컴퓨터의 출현으로 계산 도구로서 가치는 크게 줄어들었지만 함수로서 위치는 계속 고수하고 있습니다. 로그는 물리적 양을 매우 간편하게 표현하는 강점이 있기 때문에 일상생활

에서 접할 수 있는 몇 가지 수치를 나타내는 편리한 도구로 이용됩니다. 예를 들어 지진의 크기를 정하는 **리히터 규모**(Richter magnitude scale), 소리의 세기를 나타내는 **데시벨**(decibel)이 그것입니다.

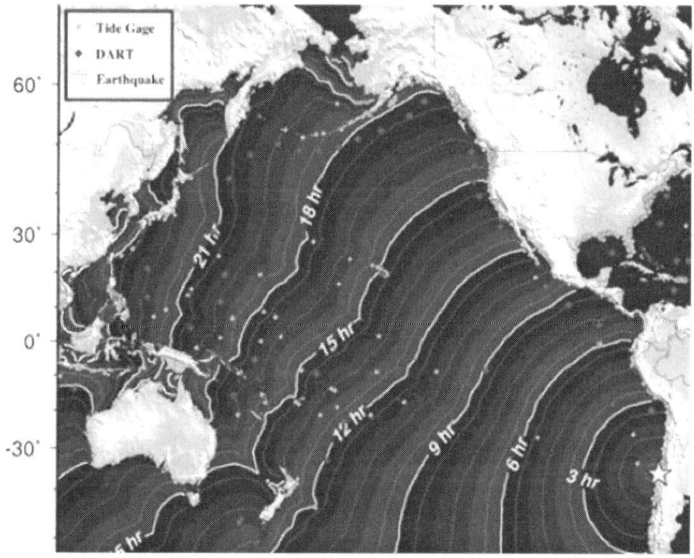

1960년 5월 22일, 규모 9.5의 역대 최강으로 기록되는 칠레지진은 1,000km떨어진 지점에서도 지진파가 감지되었고, 태평양을 가로질러 하와이와 일본에까지 쓰나미로 인한 피해가 발생하였으며, 주변국 전체적으로 2천-6천명의 사상자와 4억-8억달러의 재산피해가 발생 하였습니다(Bitannica.com 참조).

진도(intensity, 리히터 규모) 1 차이는 에너지 32배 차이가 납니다. '진도'는 지진에 대한 인간의 반응과 지진에 의한 피해 정도를 기준으로 지진의 크기를 정한 척도입니다. 진도를 나타내는 방법은 여러 가지가 있는데, 국내에서 이용하는 '일본 기상청 진도 계급'은 0

부터 7까지 8등급으로 나뉘어 있습니다. 그런데 진도는 각 지점에서 지진의 세기를 나타내기 때문에 똑같은 지진이라도 지역에 따라 다릅니다. 따라서 지진을 분류할 때는 지진 자체의 크기를 어떤 척도에 따라 정량적으로 나타낼 필요가 있습니다. 이를 위해 현재 보편적으로 이용하는 방법이 1935년 **리히터**(Lichter)가 개발한 척도인 규모(magnitude)입니다. 지진의 규모는 진원지에서 100km 떨어진 지점에서 지진계로 측정한 지진파의 최대 진폭에 따라 결정되는데, 지진파의 최대 진폭은 지진에 따라 대단히 큰 차이를 보입니다. 이런 차이를 알기 쉽게 축소해 나타낸 것이 로그입니다.

· **지진해일**(tsunami)은 지진과 같이 물을 아래위로 강하게 흔드는 사건이 있을 때 발생합니다. 수심이 깊은 바다에서 지진이 일어나면 그 위의 바닷물을 뒤흔들어 강력한 파도의 에너지가 해안을 덮칩니다. 남해의 평균 수심은 100m 밖에 되지 않기 때문에 해운대에 큰 지진해일이 일어나긴 힘듭니다. 깊고 먼 바다에서 발생한 지진해일의 속도는 시속 800km나 됩니다. 1만 8000km나 떨어진 칠레에서 일어난 지진해일이 하루 만에 우리나라에 와 닿을 수 있는 것입니다. 처음 지진해일이 일어난 곳의 파도는 한번 출렁이는 거리 즉 파장이 360km나 됩니다. 대신 이 때 파도의 높이는 수십 cm에 불과합니다. 하지만 해안에 가까울수록 수심이 얕아지면서 속도는 줄어드는데 지진해일의 속도가 수심에 비례하기 때문입니다. 속도가 느려지면 파도가 출렁이는 거리가 짧아지면서 파도가 겹쳐져 파도가 세집니다. 또한 파도의 높이는 수심과 반비례 관계에 있기 때문에 얕은 바다에서 파도는 높아집니다. 해안가에서 10m가 넘는 지진해일이 일어나는 원인입니다. 파도의 밑 부분은

바닥의 마찰력 때문에 위쪽보다 속도가 느려 꼭대기가 먼저 나가면서 해안가를 덮칩니다. 우리나라에선 수심이 깊은 동해가 지진해일이 일어날 가능성이 높습니다. 동해는 수심이 2km나 되고 일본 서쪽에서 일어난 강한 지진의 영향을 직접 받습니다.

• 1993년 일본에서 발생한 지진의 영향으로 동해안에서 지진해일이 일어난 적이 있습니다. 1983년에도 일본의 지진 때문에 동해안에서 4m의 지진해일이 일어나 1명이 죽고 2명이 실종되기도 했습니다. 다행히 지진해일은 미리 예측해 대비할 수 있습니다. 일본 후쿠오카에서 진도 7.0의 지진이 발생하더라도 우리나라 해안에 지진해일이 도착하려면 적어도 30분의 시간이 걸립니다. 그 사이에 과거의 지진해일의 도달시간과 파도의 높이를 미리 계산한 값을 바탕으로 10분 내에 경보를 발생할 수 있습니다.

21.3. 화산(Volcano)

우리에게는 지진보다 더 낯선 재해가 화산이겠지만, 한반도에도 도처에 화산 활동의 흔적들은 남아 있습니다. 역사시대에 들어와서도 화산 활동은 멈추지 않아 제주도에서도 용암류가 분출했다는 1002년과 폭발적인 분화로 화산체가 만들어졌다는 1007년의 기록이 〈고려사〉에 실려 있습니다. 화산 분화를 그저 남의 일로만 넘겨버릴 수 없는 까닭이 바로 여기에 있습니다. 더욱이 최근 몇 년에 걸쳐 언론 매체들이 앞을 다투어 백두산 분화가 임박했다는 소식을 전했습니다. 분화시기를 구체적으로 언급하기도 하고, 백두산이 실제로 분화했을 경우 그 피해가 어느 정도인지 시뮬레이션을 전하는 소식도 들려옵니다. 발해왕국의 갑작스런 멸망과 관련되었다고도 하는 천년 전의 대분화는 물론 조선왕조실록에도 상세하게 묘사되어 있는 분화 기록들을 감안하면 백두산 폭발 임박설이 그저 기우만은 아니지 않을까 생각해봅니다.

이런 상황 속에서 지진과 화산에 대하여 과연 우리는 얼마나 준비되어 있을까요. 지진과 화산에 대한 준비와 대응에 최전선에 서 있는 이웃나라 일본의 사례는 우리에게도 시사하는 바가 적지 않을 것입니다.

• **'백두산 화산'**을 주제로 남북 전문가가 회의를 가졌고, 이는 북한이 우리나라 측에 '백두산 화산 공동연구와 현지답사, 학술토론회 등 협력사업을 위한 협의를 하자'고 제안한 것이 계기가 됐습니다. 이날 남북 대표단은 백두산 화산활동에 대해 남북 공동조사가 필요하다는 의견을 모으고 추가적인 협의를 마쳤습니다.

환태평양 불의 고리(The Pacific Ring of Fire) 위치도

우리나라를 비롯한 북한, 중국 등 인접국이 주시하고 있는 백두산은 천지 아래 2~3km 지점부터 용암이 끓고 있는 활화산입니다. 국민들은 '백두산이 정말 폭발할까', '언제 폭발할까'로 불안해하지만 자연재해를 인간의 힘으로 막을 수는 없기 때문에 화산활동을 꾸준히 관찰해 폭발을 예측하고 대비하는 것이 인간이 할 수 있는 최선의 방책일 것입니다. 하지만 우리나라에서는 이제껏 **백두산 분화**(噴火)를 관찰하는데 지리적 요건 때문에 한계가 있었습니다. 백두산 화산폭발을 예측하려면 백두산에 각종 관측장비를 설치해야 합니다. 중국은 백두산 중턱에 화산지진관측소를 세우고 이곳에서 화산활동을 관측하고 있기에 우리나라는 중국의 자료를 간접적으로 분석하는 경우가 대부분이었습니다. 우리나라는 주변해역에서 발생하는 지진 · 지진해일의 조기 관측 및 분석 정확도 향상을 위해 일본, 중국과 지진관측자료도 공유하고 있습니다.

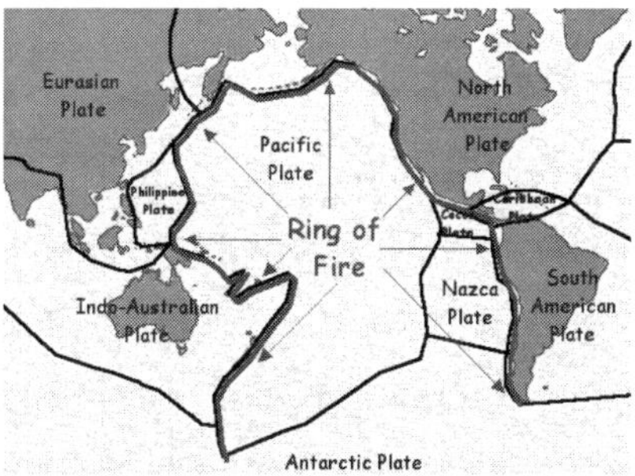

지구의 판(plate)이 만나는 곳에 화산이 자랍니다. 불의 고리에서 전 세계 화산의 75 %를 찾을 수 있습니다. 불의 고리를 따라 가려면 남미의 남쪽 끝에서 시작하여 북미 해안, 베링 해협을 건너 일본을 통과 한 후에, 뉴질랜드를 거쳐 남극 대륙에서 끝납니다. 불의 고리 길을 따라 400 개가 넘는 화산을 통과 할 것입니다!

2011년 국내에서도 백두산 화산폭발에 대비하기 위한 방편이 구체적으로 논의됐고, 기상청은 '선제적 화산대응 종합대책'을 수립했다고 밝히기도 했습니다. 먼 거리에서도 화산폭발을 감지할 수 있도록 '소리'를 이용한 **음파관측소**(sound, conic wave station)를 세우겠다는 것입니다. 음파관측소는 백두산 화산폭발을 소리로 파악하게 됩니다. 백두산 화산이 폭발할 경우, 그 충격음은 초당 340m(15℃ 기준)로 퍼지게 됩니다. 이때 음파관측소가 음파로 인한 공기 중 압력 변화를 탐지한 뒤 긴급조치를 내리게 됩니다. 우리나라 기상청은 화산 및 지진 관측을 위해서는 전국에 264개소의 관측소를 설치 · 운영하고 있으며, 지진해일 관측을 위해 울릉도 초음파식 해일파고계와 연안방재관측시스템, 국립해양조사원의 조위관측소를 공동 활용하고 있습니다. 그리고 백두산 화산분화와 대규모 인공지진을 관측하기 위해 철원과 양구에 공중음파관측소를 설치 · 운영하고 있습니다.

• 소리는 대기 중에서 공기를 통해 전파됩니다. 음파는 말 그대로 소리의 파동입니다. 이 소리의 파동은 종파의 형태로 공기를 따라 퍼집니다. 종파는 파가 나아가는 방향과 진동이 일어나는 방향이 나란한 파를 말합니다. 용수철을 생각하면 이해하기 쉽습니다. 용수철을 앞뒤로 흔들었다가 놓으면 용수철의 촘촘한 부분과 성긴 부분이 용수철을 따라 앞으로 이동합니다. 대기의 온도가 일정하면 음파의 파면 역시 음원을 중심으로 둥근 원을 그리며 퍼져나갑니다. 음파는 파의 주기에 따라 파의 **주파수**(frequency)에 따라 **고주파**와 **저주파**로 나뉩니다. 저주파는 보통 10kHz 이하를 말하며 고주

파보다 멀리 나아갑니다. 때문에 거리가 먼 백두산에서 나는 소리를 감지하기 위해 저주파 에너지를 분석해 활용하게 됩니다. 하지만 음파관측소라고 음파만 관측하지는 않습니다. 우리나라 **음파**관측소에서는 음파는 물론 **지진파**도 동시에 분석합니다. 백두산 화산 폭발 징후가 있거나 폭발이 실제로 일어날 때, 그 신호는 대기를 통해서도 전해지지만 지각을 통해서도 전해집니다. 때문에 한 장소에서 지진파와 음파를 동시에 분석하는 것입니다.

• 속도는 지진파가 음파보다 빠릅니다. 지진파는 초당 8km 속도로 이동하고 음파는 초당 340m 속도로 이동합니다. 때문에 지진파가 먼저 감지된 이후 음파가 감지됩니다. 음파관측소는 이 둘을 모두 사용해 백두산 화산활동에 대한 데이터를 분석합니다. 음파가 지진파보다 속도가 느림에도 불구하고 음파관측소를 세우는 이유는 무엇일까요? 우선 언급한 거리의 문제가 있습니다. 둘째는 보다 정교한 관측 결과를 얻기 위해서 입니다. 지진파와 음파를 함께 분석하면 보다 정확한 화산 활동 정보를 얻을 수 있기 때문입니다.

• 기상청 지진정책과 관계자는 "음파보다 빠른 지진파로 분화를 확인할 수 있지만 지진파는 백두산 폭발로 발생한 것인지, 일반 지진으로 발생한 것인지 구분이 힘들다"며 "음파는 화산이 분출해 공기 중 부딪쳐 발생하기 때문에 분화 여부를 정확히 알 수 있다"고 말합니다. 지진파의 한계를 음파가 보완해주는 역할을 하는 것입니다. 또한 "실제 화산 분화가 임박했거나 발생했을 때 남한까지 그 여파가 미치는 시간을 계산할 수 있을 것"이라고 덧붙였습니다. 음파관측소에는 음파를 감지하는 센서가 설치되며, 센서는 일정한 간

격으로 여러 개를 배열해야 하기 때문에 설치를 위한 시간이 많이 소요됩니다.

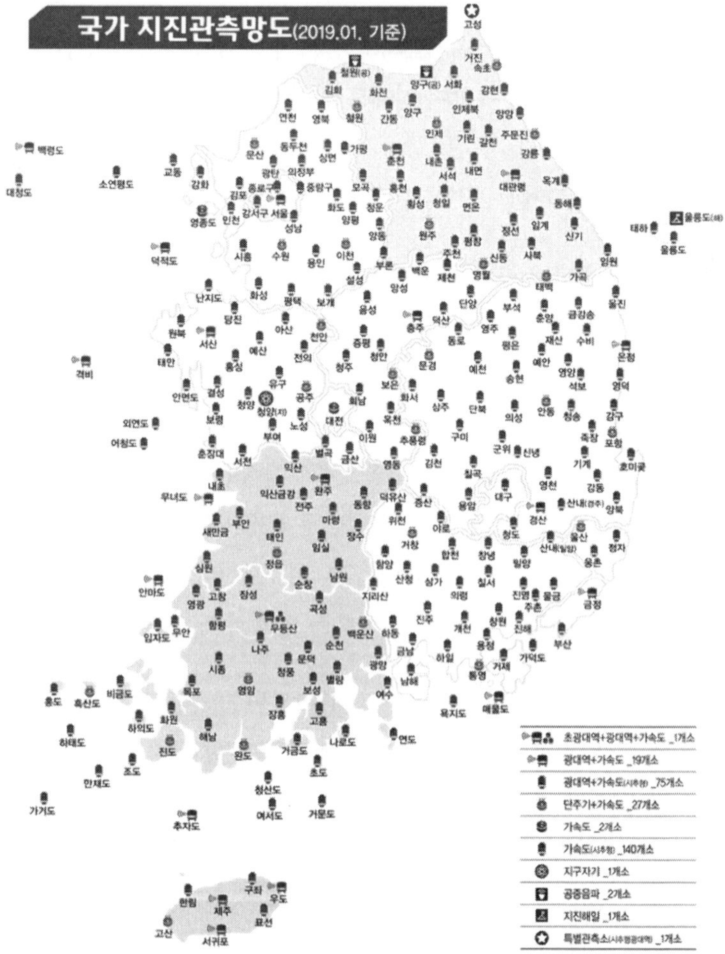

우리나라의 지진, 화산, 지진 해일 등의 감시체계 시스템(기상청)

음파관측소와 더불어 인공위성을 이용한 분석도 함께 진행합니다. 기상청은 **국가기상위성센터**와 **'천리안'**을 연계해 백두산 관측 영상자료를 분석한 후 백두산 천지의 온도 변화를 주기적으로 관측할 수 있는 시스템을 구축했으며, 천리안은 한국 최초의 기상 · 해양 관측위성으로 2011년 4월 1일부터 정규운영을 시작했습니다.

결과적으로 땅 속에서 나타나는 현상과 땅 위에서 나타나는 현상, 하늘 위에서 관측한 현상을 복합적으로 관찰하게 됩니다. 땅 속, 땅 위, 하늘 세 부분에서 얻은 자료를 입체적으로 분석할 때 가장 정밀한 자료를 얻을 수 있습니다.

• 중국과 국내 일부 학자는 백두산 화산이 조만간 다시 폭발할 수 있다고 경고하지만 폭발 시기에 대한 전문가 의견들은 분분합니다. 백두산 화산폭발 가능성에는 대부분 동조하고 있습니다만, 구체적인 시기는 알 수 없기에 예보의 역할은 막대합니다. 물론 예보만으로 국민들의 불안감을 완전히 없앨 순 없지만 국내에서도 예보를 위한 준비를 체계적으로 시작했다는 점에서 의미 있는 작업이 아닐 수 없습니다.

Chapter 22

우주 천문 속의 수학

22.1. 우주(Universe)

각국의 우주 탐험 경쟁은 치열합니다. 성공적인 우주탐험에는 수학 및 과학기술뿐만 아니라 국제적인 공조와 협력이 요청됩니다.

우주는 유한한가, 무한한가? 엄청난 재원이 드는 우주탐사는 왜 하는걸까요? 우주의 나이는 130억년 정도, 크기는 대략 100억 광년 되는 공간으로 약 4만 6000개의 은하와 10의 500승개의 다중 우주가 존재할 가능성도 있는 무한에 가까운 유한 존재입니다.

우주의 기원에 대해선 여러 학설이 있는데 모두 물리 법칙에 근거하여 수학적으로 유도되었습니다. 주류인 **빅뱅**(Big Bang)이론은 무한대의 밀도와 에너지를 가지나 부피는 제로인 한 점, 수학적으로 **특이점**(singularity point)이라 칭하는 한 점의 대폭발로 현재의 우주를 이루었다는 것인데 빅뱅 이전의 우주를 설명하는데 의문을 남깁니다.

미우주항공국(NASA)은 2021년 2월18일, 화성 탐험에 이름이 "**인내**(Perseverance)"라는 사진 속의 움직이는 로버를 성공적으로 착륙시켰습니다. 로버의 우주 생물학 임무는 화성에서의 과거 미시적 삶의 흔적을 찾고, 제로 분화구 상륙지의 지질을 탐색하며, 미래의 로봇 및 인간 탐사를 준비하는 데 도움이 되는 핵심 기술을 시연 할 것입니다. 그리고 로버는 미래의 임무를 통해 지구로 돌아가기 위해 화성 암과 반석 (깨진 바위와 먼지)의 첫 번째 샘플을 수집하는 많은 일을 할 것입니다. 그 외에도 화성에의 거주 가능성을 찾고, 인간을 위해 화성 대기에서 산소생산도 테스트를 합니다. NASA는 과거 8번에 걸쳐 화성표면 방문을 했었고 이번 인내는 아홉 번 째이며, 지구로의 귀환을 위해 화성 샘플 수집을 수행해내는 첫 번째가 될 것입니다. 로버 '인내'는 무게가 2,300 파운드(1,043 킬로그램) 정도의 로봇 과학자입니다. (NASA 사진)

부피 제로의 특이점에 대한 의문을 보완하고 **일반상대성이론**(general relativity theory)과 **양자물리학**(quantum physics)을 통합하여 이전 우주가 제로가 되기 전 아주 작은 부피로 수축하다가 힘을 못이겨 다시 크게 바운스 되어 현재 우리가 살고 있는 우주로 성장한 것이라고 설명하는 **빅 바운스**(Big Bounce) 이론은 고무공에 압력을 가하면 줄어들었다 어느 지점에서 다시 팽창하고, 다시 줄어드는 현상을 연상하면 됩니다.

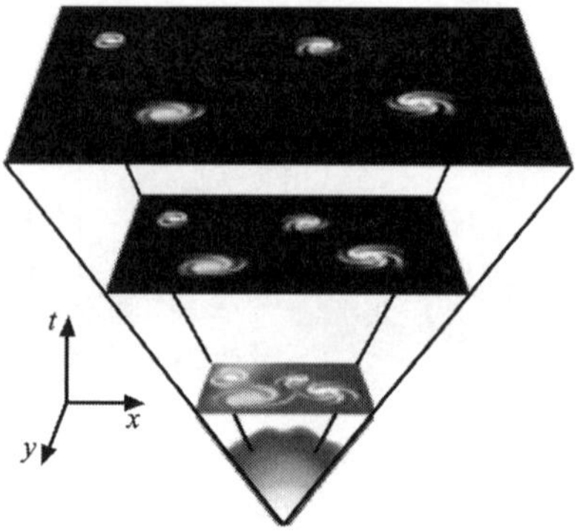

우주대폭발모형도

우주탄생은 호킹-펜로즈가 **입자이론**을 이용하여 특이점에서 대폭발이 일어나 우주가 팽창했다고 주장하였습니다. 조용승-홍순태는 **초끈이론**에 모스이론, 일반상대성과 에너지이론을 적용하여 특이점을 찾고 여기서 우주의 팽창, 회전 그리고 비틀림을 규명하고 초기에 빛과 물질이 동시에 나타남을 보였습니다. 이에 대하여 미국 물리학회에 3편의 논문이 게재됐으며, 획기적인 결과라 찬사를 받았습니다. 또한 TV방송에도 소개되었고 우주론 단행본에도 실렸습니다.

22.2. 천문학(Astronomy)

지구상에 가난과 질병 같은 미해결 난제도 많은데 왜 우주에까지 돈을 써야 하는지는 우주개발의 최선봉에 선 미국에서도 되풀이 되는 쟁점입니다. 우주 탐험이 순수한 과학적 호기심만을 위한 것일까요? 단연코 아닙니다. 구 소련이 1961년 사상 첫 유인우주선인 **보스토크 1호**를 발사하자 미국이 발칵 뒤집혔습니다. 미국이 초비상 끝에 찾아낸 원인은 다름 아닌 '수학'이었습니다. 수학실력이 달려 인공위성 발사가 뒤졌다는 결론이었지요. 미국은 중고교 수학교육에 박차를 가했고, 1969년 **아폴로 11호**를 쏘아올림으로써 최초로 인간의 발자국을 달에 남겼습니다. 과거 열강들이 자원 확보와 식민지 확대를 위해 바다로 항해 나갔듯, 오늘날 우주탐험과 개발은 우주에 대한 지배력 각축전이며 자원과 에너지 선점을 위한 실리추구 경쟁입니다.

• 미국을 비롯한 러시아, 프랑스, 일본, 중국, 영국, 인도, 이스라엘 등 **스페이스클럽**(Space Club) 국가들은 국가적 역량을 다해 달과 행성탐사 계획을 연이어 발표하여 각축의 열기를 더하고 있습니다.

미 위스콘신대학에서 디자인한 달 표면에서 **헬륨3**(Hellium-3)를 수집하는 광산차의 모형(University of Wisconsin's Mark II Lunar Miner)이며, 헬륨 수집의 현실화에는 다양한 기술력의 보유가 요구 됩니다. 헬륨 -3의 달 채굴: 21 세기 평화로운 세계가 직면하

게 될 가장 어려운 문제 중 하나는 적절하고 안전하며 깨끗하고 경제적 인 에너지원을 확보하는 것입니다. 핵융합로의 연료로 사용될 달 헬륨 -3의 존재는 잘 기록되어 있습니다. 수많은 아폴로(Apollo) 및 루나(Luna) 임무 샘플에서 확인된 현재 분석에 따르면 달 표면에 최소 1 백만 톤의 헬륨이 묻혀 있습니다. 헬륨 -3은 핵융합로의 연료로 사용될 것입니다(위스콘신대 매디슨 융합기술연구소Madison Fusion Technology Institute 참조).

예를 하나 들어봅시다. 제한된 화석연료와 오일 가격상승으로 에너지 확보 및 대체에너지 개발에 비상이 걸렸습니다. 이런 상황 속에서 최근 각국은 신개념 대체 청정에너지 자원인 헬륨3 선점에 눈독을 들이고 있습니다. **헬륨3**(Helium-3)은 태양에너지와 같은 원리인 **핵융합반응**(nuclear fusion)에너지원입니다. 헬륨3은 지구에는 없고 달에 존재합니다. 미국 위스콘신대 융합기술연구소는 1986년 달에 존재하는 헬륨3의 활용 방안에 대해 최초로 발표하면서, 달에는 약 100만t의 헬륨3이 추정 매장되어 있고 우주선 한대가 한번에 싣고 올 수 있는 25t이면 미국 전체가 1년 동안 쓸 수 있는 에너지를 생산할 수 있다고 했습니다.

이처럼 스페이스클럽(Space Club) 국가들이 달에 **유인우주정거장**을 건설하려는 경쟁을 벌이고, 화성과 금성에도 **유인우주선**(manned spacecraft)을 보내려 시도하며, 더 먼 우주에 대한 탐험 프로젝트를 기획하는 중요한 이유 중 하나가 바로 안전하고 청정한 에너지원 확보입니다.

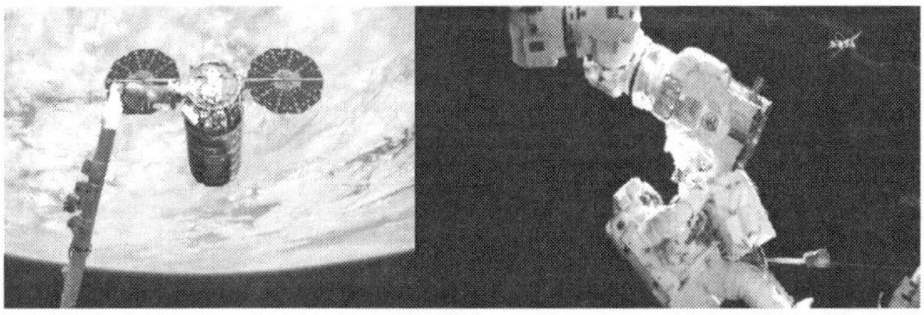

좌)미우주정거장 Expedition53; 우)2017년 우주정거장 Expedition 53 사령관 랜디 브레스닉(Randy Bresnik)과 NASA의 비행 엔지니어 조 아카바(Joe Acaba)가 6시간 49분 우주 유영(space walk)을 완료했는데 두 명의 우주 비행사는 Canadarm2 로봇 팔의 래칭 엔드 이펙터에 새로운 카메라 시스템을 설치하고, 스테이션 우현 트러스에 HD 카메라를 설치하고 Dextre 로봇 팔 연장 대의 퓨즈를 교체했습니다. 우주인은 국제우주정거장에 설치된 로봇의 팔과 접속 후 스페이스웍에 가끔 참여합니다(NASA 사진).

• 우주항공 분야는 여러 첨단기술이 복합적이고 유기적으로 연계된 시스템 분야로서 수학, 물리, 항공, 기계, 전자, 재료, 컴퓨터, 그리고 반도체 등 광범위한 분야를 공부하며 미래의 신기술을 창출해 나가는 대표적인 기술 선도형 분야입니다. 따라서 연구개발의 결과나 부산물이 타 분야에 미치는 파급 효과가 크게 나타나며, 우리나라의 미래지향적 기술 혁신을 선도할 수 있는 중요한 분야입니다.

미 항공우구국(NASA) 고위직에 임명된 신재원 박사는 "한국도 수학과 과학 실력을 갖춘 끈기있는 인재를 양성하고, 우주항공의 정확한 방향설정과 예산을 기획하여, 우주항공분야로의 도약을 꾀해야 한다"고 역설했습니다. 좁은 국토와 부전자원이 빈약한 우리나라가 후손들에게 창대한 미래를 남겨주기 위해선 더 적극적으로 우주개발에 참여하고, 우주에 대한 열강의 패권쟁탈에서 뒤지지 않도록 해야 합니다.

Chapter 23

의료 및 감염 방역 속의 수학

23.1. 수학적 모델링

수학은 철학과 함께 인간의 사고능력을 체계적으로 발전시켜서 인류 문명의 발전에 기여하여 왔습니다. 거리-공간의 개념은 수학적인 분석도구를 통해 진화하여 복잡한 현상 속에 내재해 있는 규칙 또는 패턴을 단순하게 표현하고 전체의 현상을 체계적으로 이해하는데 사용되었습니다. 자연현상을 분석하는 수학도구로서 전자기파의 이론과 현상을 설명하는 막스웰 방정식, 유체의 운동 또는 난류의 현상을 기술하는 **나비에-스토크스 방정식**, 물체에 힘을 가할 때 변형되는 역학적인 특성을 설명하는 **탄성방정식**(elasticity equation), 열 전도-확산을 설명하는 **열전도 방정식**(heat conduction equation) 등이 있습니다. 이러한 미분 방정식은 에너지 또는 물리량의 보존의 법칙을 기반으로 하며, 계산하고자 하는 물리량의 시간과 공간에 관한 변화의 상호관계로부터 얻어지게 됩니다. 이러한 분석도구는 다양한 형태로 응용되어 지문감식, 음성인식, 데이터 압축, 의료영상에서의 단층촬영, 암호기술, 애니메이션, 금융시장에서 파생상품의 옵션의 가치의 평가 등에 이르기까지 복잡 다양한 현대사회의 발전에 핵심적인 역할을 수행하기도 하였습니다.

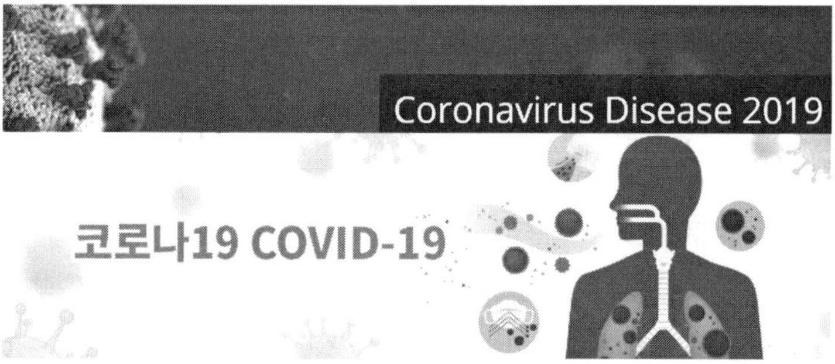

2020년 초기부터 확산되고 있는 코로나바이러스감염증-19(COVID-19)의 증상은 경증에서 중증에 이르기까지 광범위한 증상이 보고되었으며 증상은 바이러스에 노출된 지 2-14 일 후에 나타날 수 있다고 합니다. 대표적 증상은 발열 또는 오한, 기침, 숨가쁨 또는 호흡 곤란, 피로, 근육통 또는 몸통, 두통, 새로운 미각 또는 후각 상실, 목쓰림, 콧물, 메스꺼움 또는 구토, 설사 등이며 이들 증상 중에서 나타납니다. 코로나19의 전세계적 유행은 아직도 현재 진행형이며, 인류의 건강은 물론 전 세계 기업과 각국 경제에 대해서도 심각한 영향을 미치고 있습니다. 코로나19로 인하여 우리는 전 세계적으로 전례 없는 변화를 강요받고 경험하고 있습니다. 당초 국지적, 일시적으로 끝날 줄 알았던 코로나19가 예상했던 것보다 길어지고 그에 따라서 사람들의 소비 및 업무 형태의 변화는 가속화되고 삶의 근본적인 변화로 이어지게 될 것으로 보입니다. 전 세계가 수시로 급변하는 상황 속에서도 사회적 거리두기와 뉴노멀적인 일상으로 돌아갈 준비를 하며 필요한 변화 요인들을 파악하여 새로운 환경에 대한 안정화 방안, 미래를 위한 성장 전략을 동시에 준비하려고 합니다(WHO.int. 세계보건기구 참조).

수학적 모델링은 자연현상 속에 내재된 특징과 인과관계를 바탕으로 필수적인 요소를 추출하고 고려할 것을 취사선택하여 안정성, 존재성을 갖춘 수식을 세우는 것입니다. 뉴톤이 발견한 "힘=질량×가속도"도 필수적인 변수와 불필요한 요소를 치밀하게 분석함으로서 유도된 것입니다.

• 활용도에 대한 기대가 높은 **의료수학**(medical mathematics)이 최근 들어 우리정부의 전략적 지원 계획에 포함된 것은 고무적인 일입니다. 과학기술정보통신부는 세 분야인 – 의료수학, 인공지능, 금융수학 – 등의 산업수학 분야를 전략적으로 지원할 예정이라고 최근에 밝혔습니다. 다만, 우리나라 수학계 연구자들 분포를 보면 아직까지 80~90%가 순수이론이 차지하고 나머지 10–20%가 응용수학이나 산업수학이어서 산업수학인력의 충원이 필요한 시기입니다.

전염병(contagious disease)은 인류를 끊임없이 위협해왔고 새로운 변종으로 인류의 전염병 퇴치에 대한 도전에 응전을 지속하고 있습니다. 수학도 그 도전에 한 역할을 담당하고 있습니다. 전염병을 일으키는 원인에 대해서 생물학적인 혹은 의학적인 연구를 통해 치료제나 예방 백신을 개발하고 있다면, 전염병 확산 부분에서 수학적이고 계산적인 모형이 중요한 역할을 하고 있습니다. 수학 연구자들은 미분 방정식 형태의 수학적 모형을 만들어 시간이 지남에 따른 감염자 수의 증가와 감소를 수량적으로 예측하기도 하고, 전염병이 시간에 따라 공간적으로 어떠한 양상으로 확산되는지를 컴퓨터로 시뮬레이션할 수 있는 계산 모형을 만들기도 합니다.

23.2. 코로나19 속의 수학적 모형(Mathematical Model)

코로나19의 수학적 모형에 관한 뉴스를 검색해 보면 세계 곳곳에서 다양한 연구가 쏟아져 나오고 있다는 것을 알 수 있습니다. 바이러스의 전파뿐만이 아니라 그와 관련된 여러 현상을 수학 모형으로 만들고 있지요. 제각기 수학으로 코로나바이러스 사태를 바라보기 위해 노력하고 있는 것입니다. 모형이 정확할수록 방역 대책을 세우거나 장기적인 정책을 만드는 데 더 큰 도움이 될 수 있습니다. 눈에 띄는 **수학적 모형모델**은 Susceptible-Exposed-Infectious-Removed(SEIR) model로 민감성-노출-감염성-제거 모델인데 사회적 거리 두기 캠페인이나 인근 동네의 확진자 발생에 따른 행동 변화, 병원 격리 같은 요소를 포함해 모형을 만들었습니다. 미국 노스웨스턴 대학교의 알레산드로 베스피냐니(Alessandro Vespignani) 교수팀은 수학적 모형으로 여행 제한이 코로나 바이러스 전파에 끼치는 영향을 분석한 논문을 발표했습니다. 전 세계적으로 실행 중인 사회적 거리 두기의 효과에 관한 모형에 영향을 주었습니다.

• 뉴욕 타임스는 한 감염자가 감염시키는 평균 인원을 2.3으로 놓고 만든 모형으로, 어느 정도의 강도로 어느 시점에 개입하느냐에 따라 총 감염자 수가 어떻게 달라지는지를 보여주었습니다. 수학으로 복잡한 세상을 본다는 게 참 어려운 일인 건 분명합니다. 전염병의 양상을 정확히 예측하기는 어려우나 점점 더 좋은 모형이 나오고 있고, 그런 모형 덕분에 더 많은 사람의 생명을 구할 수 있게 될 것이라 봅니다.

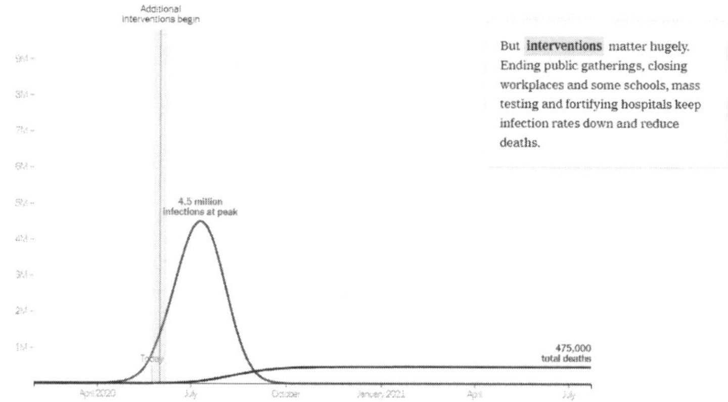

뉴욕타임지 초기 감염모형

• 세계 곳곳에서 특정 국가에 한정한 혹은 전 세계 범위의 계산 모형을 개발하여 전염병의 확산 과정을 정확하게 이해하는 학문적인 연구를 수행하거나 전염병 확산을 억제하는 정책의 효용성을 과학적으로 검증하는데 활용하고 있습니다. 최근 우리나라의 국가수리과학연구소(수리연)가 감염병 확산 시뮬레이션의 현실적 모형 개발에 박차를 가하고 있습니다. 수리연을 포함하여 9개의 정부출연연구기관이 함께 신종 바이러스 감염 대응 융합 솔루션을 개발하는 사업에 참여합니다. 이 사업은 전염병에 대한 신속한 진단이 가능한 기술 개발, 치료제 개발, 예방을 위한 백신 개발, 그리고 확산을 사전에 인지하고 억제하여 방지하는 기술 개발이라는 넓은 연구 범위를 갖고 있습니다. 이 성과물이 국내 전염병의 확산 연구에 그리고 보건 당국의 정책 설계 등에 효과적으로 활용되기를 기대하고 있습니다.

APPLICATION OF MATHEMATICS IN HEALTHCARE
(보건의료분야에서 수학의 응용)

의료산업은 4차 산업혁명의 주요기술인 수학이 집약적으로 활용되는 분야입니다. 의사와 간호사 모두 매일 수학을 사용하면서 전 세계 사람들에게 의료 서비스를 제공합니다. 의사와 간호사는 처방전을 쓰거나 약을 투여할 때 수학을 사용합니다. 의료 전문가는 전염병 또는 치료 성공률에 대한 통계그래프를 작성할 때 수학을 사용합니다. 수학은 X 선 및 스캔 이미지 분석에 널리 사용됩니다. 숫자는 의료 전문가에게 풍부한 정보를 제공합니다. 의사와 간호사가 수학과 의학 용도를 연구하여 적절한 훈련을 받았다는 사실을 일반인이 아는 것은 안심입니다. (innertowords.com참조)

• **의료수학**은 산업수학 영역 중 하나로 의료현장에서 발생하는 문제를 수학적 해석과 모델링의 수학이론으로 통합 제공해 해결하는 연구분야이며 진단에서 치료에 이르기까지 여러 단계에 걸쳐 방대하고 수많은 생체의료 데이터에 대한 빅데이터 분석, 딥러닝 등의 수학적 기법을 활용한 융합연구입니다. 수리연은 최근 '의료기기 산업의 시장규모는 2020년 472조 규모로 예측되며 미국, 일본, 독일, 중국의 시장점유율이 63.7%에 이르고 있습니다. 국산 의료기기 시장 점유율은 1.7%에 불과합니다. 최근 인공지능과 의료장비의 결합으로 과거 장비 중심의 의료기기에서 소프트웨어 중심의 의료기기로 부가가치가 이전되는 추세이며, 국내 빅데이터 · AI의

료기기 시장은 2030년 기준 27조5000억에 이를 것으로 예상됩니다. 딥러닝, 머신러닝, 영상인식기술 등에 기반한 AI 기반 의료기기는 기존의 치료중심 의료체계에서 사전 진단, 예방과 예측 등 개인 맞춤형 치료로 의료수준의 질적 수준을 크게 높일 것으로 기대된다고 분석했습니다. 의료분야의 수학적 문제 수요가 급증해 의료영상, 심장질환과 암연구, 혈류순환 시스템 모델개발 등 의료산업과 협력연구를 진행하고 있습니다.

23.3. 의료수학(Medical Mathematics)

대표적인 의료수학의 예를 들면, 기존의 의료영상(medical imaging)이 있으면 영상처리기법을 통해 추출하는 것과 경동맥을 수학적 연구를 통해 부피 계산을 하는 것입니다. 의료수학은 데이터를 통해 앞으로 예측하고 이러한 예측에 따라 어떻게 대응하고 치료할지 종합적으로 연구를 수행해 문제를 해결하는 것입니다. 의료수학은 단편적 수행하던 것을 통합적으로 시행하게 합니다. 각 질병의 발생 원인, 악화 요인 등에 대한 체계적인 수학 모델을 제시할 수 있다면, 의료 현장에서 보다 정확한 진단과 예방, 치료법의 개발이 가능할 수 있다며 "감염병 확산의 수학적 모델은 1760년 천연두 모델에서 시작됐다. 최근 국내에서는 결핵 확산에 대한 수학적 모델이 제시됐다"고 했습니다.

• 최근 수학은 **의료영상분야**에도 적극적으로 참여하고 있습니다. 이는 인구의 고령화와 더불어 의료경제는 급격히 성장하였기 때문입니다. X-ray, CT(computerized tomography), MRI(Magnetic Resonance

Imaging), 초음파, PET(Positron Emission Tomography) 등 각종 의료 영상기술은 인체 내부 구조를 가시화하여 질병의 진단과 치료에 획기적인 발전을 이룩했습니다. 최근에는 기존의 영상기술로는 얻을 수 없는 생체조직의 전기적, 광학적, 기계적 물성의 영상화가 의료계의 생리학적 연구와 관련되어 중요한 연구대상이 되었고, 이에 따라 수많은 과학자들은 새로운 진단정보를 출력하는 기능영상분야의 연구에 참여하게 되었습니다.

• 생체조직의 물리적(전자기적, 광학적, 기계적) 특성의 영상화를 위해서는 인체에 적절한 물리량을 인가한 뒤, 인가한 물리량이 인체 내부의 해당 물성에 의해 변조되는 현상을 측정하고, 이렇게 측정한 데이터로부터 인체내부의 물성을 영상의 형태로 추출하는 방법이 사용됩니다. 여기에는 인가한 물리량과 물성에 관한 물리적 현상에 대한 수학적인 해석 및 모델링에 해당하는 **순문제**(forward problem)와 측정한 데이터로부터 내부 물성의 분포를 영상으로 복원하는 **역문제**(inverse problem)의 해를 구하는 기술이 사용됩니다.

• **생체 영상기술**은 초기 진입 장벽이 높고, 국내의 연구진이 원천기술을 보유하고 있는 경우가 거의 없습니다. 기존의 의료 영상시스템에 비해 훨씬 복잡한 구조를 가지고 있고, 수학-의학-공학기반의 다학제적 융복합기술이 필요하여 초기 진입장벽이 매우 높은 학문에 속합니다. 영상화 알고리즘 개발을 연구를 위해선 수학에서의 편미분방정식, 조화해석, 함수해석, 수치해석, 과학계산에 대한 깊이 있는 이해뿐만 아니라 생체전자기학, MR 물리 등의 의공학적인 지식과 잡음을 효과적으로 처리하는 영상처리 기술이 필요합

니다. 이 분야는 과학계의 거장들도 초기에는 여러 분야의 지식을 상호 연계하는 능력이 부족해 비현실적인 가정을 설정하거나, 핵심 사항을 가볍게 처리하여 실현 불가능한 이론을 전개하기도 함으로, 기초이론은 **해석-수치시뮬레이션-실험** 등의 검증시스템을 통해 끊임없이 수정 보완해야 합니다.

• 의료수학의 성공적인 안착은 빅데이터의 창의적인 활용에 달려있습니다. 빅데이터 연구란 데이터를 분석해 그 안에 존재하는 규칙성을 찾아내는 학문으로 수치 해석학, 확률론, 해석학 등의 수학적 지식이 요구됩니다. 빅데이터 분석은 논리적 사고가 바탕이 되어야 합니다. 중고등학교 때부터 전체를 관찰하며 문제의 구조를 파악하는 수학 학습 노력이 꼭 필요합니다. 빅데이터의 실제적인 활용사료로 아마존닷컴의 추천 상품 표시, 구글 및 페이스북의 맞춤형 광고, 유전체를 짧은 길이로 무수히 쪼갠 DNA 조각으로 나눠서 얻은 생체 빅데이터로부터 암과 관련된 유전변이 부분을 사전에 찾아내는 치료법 등입니다. 이제 곧 의료분야에도 수학의 시대가 올 것입니다.

개발도상국이 건강을 개선 할 수 있는 가장 효율적인 방법 중 하나는 무엇입니까? 건강 교육, 위생, 대량 예방 접종, 건강 검진, 환경이나 음식의 위험 요소와의 싸움으로 질병 예방 등을 생각할 수 있습니다. 이들 모두는 일반적으로 공중 보건이라고 불리는 것에 속합니다. 그렇다면 공중 보건의 다양한 구성 요소의 주요 도구는 무엇입니까? 그 대답은 건강 정책 전문가조차도 놀라게 할 수 있습니다. 그 도구는 수학입니다.

• 수학자들은 명확한 정의로 작업하기를 좋아합니다. 공중 보건은 건강과 관련이 있고 인구 전체를 다루지만 구체적으로 개별 구성원을 다루지 않는 이론 및 실제 활동의 전체입니다.

수학은 형식, 추상, 구조에 대한 연구로, 여러 가지 구체적인 설정에 적용할 수 있습니다. "4개의 산술"은 간단한 수학적 도구이지만 일반적으로 건강 계획 및 경제에 필요한 공중 보건의 필수적이고 고전적인 건강 등록 및 건강 통계를 실행하기에 충분합니다. 현대 공중 보건에서 두 가지 주요 유형의 심층 수학, 즉 전염병의 진화에 대한 **수학적 모델링** 및 질병에 대한 특정 요인의 영향을 조사하기 위한 **통계 모델**이 도입되었습니다.

수학적 모델링은 말라리아의 진화에 대한 연구로 1916년에 시작되었습니다. 이것은 말라리아주기 때문에 특히 복잡했습니다. **플라스모듐**(Plasmodium) 속에 속하는 병원체는 인간 숙주에서 **아노펠레스**(Anopheles) 속의 모기 숙주로 이동하여 역류 합니다. 예를 들어 사람 숙주만 있기 때문에 홍역 전염병의 진화를 모델링하는 것이 더 쉽습니다. 예방 접종 캠페인을 계획하는 것은 오늘날 고급 수학 모델을 기반으로 하는 수학적 업무입니다. 수학적 도구는 일반적으로 예를 들어 부분 미분 방정식 시스템과 같이 고급스럽고 다양합니다.

• 1828년 프랑스의 의사 피에르 루이스(Pierre Charles Alexandre Louis)는 현대적인 의미에서 최초의 **임상 시험**(clinical trial) 중 하나의 방법과 결과를 발표했습니다. 그는 고대부터 행해진 많은 종류의 염증성 질환의 치료제로서 거머리에 의한 피를 흘리는 것이 완전히

비효율적임을 보여주었습니다. 임상 시험(clinical trial)에서, 요인은 의사 또는 건강 시스템의 다른 구성 요소, 예를 들어 간호사에 의해 생성됩니다. 효율적인 사례 관리, 즉 기억 상실, 진단 및 치료를 위해 임상 시험이 필요합니다. 이 시스템과 독립적으로 존재하는 요인의 작용을 조사하는 것도 중요합니다.

23.4. 공중보건(Public Health)

공중 보건 전문가들은 단일 개인이 아닌 집단에서 그러한 요인의 작용을 연구합니다. 그들은 통계 모델을 사용합니다. 결과는 예방의 기초를 형성하며 유해 요소를 줄이거나 제거합니다. 보건 교육은 무엇보다도 이러한 결과를 알리고 적용하는 것을 의미합니다.

항생제 스캔들은 공중 보건과 관련하여 더 많은 문제입니다. 1928년 알렉산더 **플레밍**(Alexander Fleming)은 유명한 관찰을 통해 페니실린을 발견했지만, 1945년까지 통제되지 않은 남용으로 인해 돌연변이 및 선별 과정에 의해 표적 미생물이 저항 할 수 있다고 경고했습니다. 이것은 수학적 통계 방법으로도 조사되어야 합니다. 의사는 잘못된 보안 감각을 느끼고 제약 산업이 막대한 이익을 얻었던 거의 반세기 동안 그의 경고는 무시되었습니다. 이제 다중 약물 저항이 널리 퍼져 있습니다. 이를 극복하기 위해 개발된 일부 새로운 항생제는 심각한 부작용이 있습니다.

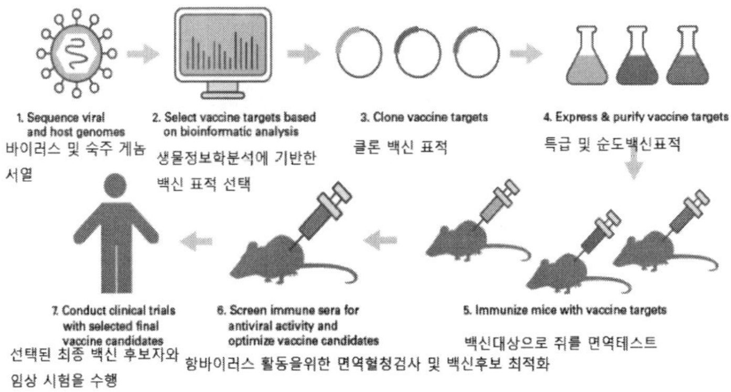

백신개발의 일반적인 진행과정(takarabio.com 이미지 참조)

• 공중 보건 문제를 수학적으로 살펴보는 방법은 보건 시스템의 일부를 재구성하기 위한 지침을 제공할 수 있습니다. 비감염성 질병에 전염병의 대결은 예를 보여줍니다. 수학자들은 수학적 모델링을 통해 인구의 전염병을 다루는 반면, **수학적 통계 모델**의 도움을 받아 비감염성 질환에 대한 위험 요소를 발견합니다. 따라서 비감염성 질병을 통제하는 기관은 대부분의 개발도상국에서 여전히 공중 보건의 대부분을 형성하는 위생 기관에 대한 간단한 부록이 되어서는 안 됩니다. 심장혈관 질환, 비만 또는 당뇨병과 같은 질병을 통제하기 위해 동일한 체중의 독립적인 기관이 있어야 합니다. 일부 암은 감염성, 즉 미생물에 의해 발생하는 반면 다른 암은 그렇지 않기 때문에 암은 흥미로운 경우입니다. 별도의 두 기관에서 이 두 가지 형태의 암을 다루는 것은 의사에게는 이상하게 보일 수 있지만 공중 보건 전문가에게는 매우 자연스럽게 보일 것입니다. 특히 수학자인 경우에는 더욱더 그렇습니다.

예방 접종의 영향에 대한 통일된 개념적 틀을 제시한 〈**백신연구의 설계와 분석**〉은 감수성, 질병, 감염 후 결과 및 전염성에 대한 백신 효능을 포함하여 다양한 백신 효과를 다룹니다. 이 책에는 백신 프로그램의 간접적, 전체적 및 전반적인 영향을 평가하는 방법이 포함되어 있으며, 주제는 가정 연구, 면역 보호의 상관 관계 평가 및 일시적 유추의 적용을 포함합니다. 전염병 역학, 전파 모델, 우연한 추론 및 백신의 개념에 대한 포괄적인 백신 평가를 제공한 첫 번째 책입니다. 공저자인 엘리자베스 할로란(M. Elizabeth Halloran)과 아이라 론지니(Ira Longini)는 둘 다 워싱턴 대학의 생물 통계학 교수이며 클라우디오 스트루치너(Claudio Struchiner)는 브라질 공중 보건 대학의 역학 및 생물 통계학 교수입니다. 특히 론지니(Longini)는 역학 전염병 문제에 적용되는 확률론적 과정에서 전염병의 수학적 및 통계 이론을 전문으로 합니다. 이 책은 통계, 생물 통계학, 역학 및 전염병 관련 동료 및 학생들을 대상으로 집필되었습니다.

• 공중 보건 정책에 대한 일반적인 의미는 무엇입니까? 소위 선진국에서 수학과 수학자들은 오래 전부터 공중 보건에 관여했습니다.

프랑스에서는 모든 건강, 의학 및 공중 보건의 연구 기관의 과학 책임자가 수년간 수학자였습니다. 공중 보건 질병 예방 및 역학의 중심 부분에 중점을 둔 독일 최고의 연구소인 라이프니츠 예방 연구 및 역학 연구소(The Leibniz Institute for Prevention Research and Epidemiology, BIPS)는 2004년부터 수학자에 의해 세워지고 지시되었습니다. 미주에서는 많은 수학자들이 공중 보건의 여러 측면에 대한 훌륭한 책을 저술했습니다. 그중에서 2010년 책 "백신(vaccine) 연구의 설계 및 분석"은 매우 영향력이 있습니다. 이 책은

"예방 접종으로 구원받은 사람들에게 바쳐진다."

(Dedicated to those saved by inoculation)라고 되어있습니다.

개발도상국의 공중 보건 정책에서, 수학은 일반적으로 여전히 인구의 건강을 지키는데 매우 작은 역할을 합니다. 권고라면, 모든 수준의 공중 보건 실무자가 적합한 기본 수학을 알고 있기를 바랍니다. 고급 실무자와 정책 입안자들은 수학자 자신이 아니라면 수학자와 협력하는 것의 가치를 깊이 있게 고민해야 합니다.

Chapter 24

스포츠 속의 수학

수학적 통계자료는 운동선수들의 실력을 올리는 중요한 도구로 쓰입니다. 각종 통계분석에 의해 자신은 물론 상대방의 실력과 특기를 파악할 수 있게 됩니다. 이를 바탕으로 전략적인 훈련을 하면 경기력과 정신력, 승부욕, 나아가 성적까지 더 효과적으로 올릴 수 있습니다.

24.1. 축구(Fooball, Soccer)

우리나라 스포츠에서 통계의 중요성에 본격적으로 관심을 갖기 시작한 건 2002년 **월드컵**(World Cup) 때부터입니다. 당시 상대팀과 우리 선수들의 전력 분석을 담당하던 전력분석관의 활약으로 4강 신화를 이뤄냈다고 봅니다. 16강행이 결정되는 경기였던 포르투갈전에서 송종국 선수는 분석된 데이터를 통해 루이스 피구의 다음

플레이를 예측하고, 상대전력을 완벽히 무너뜨렸습니다. 스페인과의 승부차기에서도 골키퍼를 분석한 자료가 활용됐습니다. 평소 골키퍼의 위치 선정과 반응속도 등을 꼼꼼하게 분석해 가운데나 오른쪽으로 공을 찰 것을 주문했습니다. 그 결과 5명 모두 골을 성공시켰습니다. 축구는 열심히 달리기만 하면 되는 스포츠라고 생각하던 시절이 있었지만 현대 축구는 '**기록**(data)**의 스포츠**'라고 해도 과언이 아닐 정도로 통계가 중요하게 쓰이고 있습니다. 선수들의 움직임을 수치로 기록하고 분석한 자료로 작전을 짜기 때문입니다.

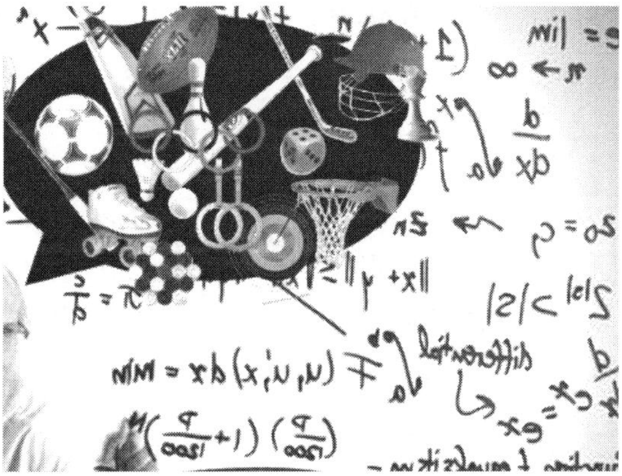

수학은 스포츠의 효율성에 큰 역할을 합니다. 코치는 끊임없이 운동 선수를 최대한 활용하는 방법을 찾으려고 노력하며 때로는 도움을 얻기 위해 수학을 사용합니다. 스포츠 경기 득점의 복잡하고 주관적인 측면에 대한 점수 시스템과 관련된 수학적 문제도 있습니다(구글 이미지).

• 축구에서 연장전까지 갔는데도 승부가 결정되지 않으면 양 팀에서 각각 5명의 선수가 나와서 **승부차기**(penalty shoot-out)를 합니다. 월드컵에서 승부차기가 처음 실시된 것은 1982년 스페인 대회

로 독일과 프랑스가 전반 45분, 후반 45분 동안 3:3 동점, 연장전 30분으로도 승부를 가릴 수가 없었기 때문입니다. 두 나라는 승부차기를 통해 승자를 결정하기로 합의했고, 결과는 독일의 승리였습니다. 독일은 승부차기를 5개 모두 성공시켰고, 프랑스는 4개 밖에 성공시키지 못했습니다. 하지만 승부차기의 결과는 수학적으로 정해져 있다고 할 수 있습니다. 왜 그런가 하면, 골키퍼가 키커가 공을 차는 것을 보고 어느 쪽으로 몸을 날릴지 방향을 판단하는 데 걸리는 시간은 약0.2초. 그리고 몸을 날려 막는 데 0.1~0.2초가 걸리니 0.2+0.1=0.3 또는 0.2+0.2=0.4 즉 아무리 빨라도 골을 막으려면 0.3~0.4초가 필요합니다. 페널티킥 지점과 골대까지의 거리는 11m인데, 축구공을 세게 차면 0.3~0.4초 동안 12.4m 날아갑니다. 키커가 공을 차는 걸 보고 골키퍼가 몸을 아무리 빨리 날린다고 해도 0.3~0.4초가 지나면 이미 공은 골대 안으로 들어가 있는 것으로 예측됩니다. 그래서 "**키커가 공을 구석으로 차기만 하면 골키퍼는 절대로 골을 막을 수 없다**"는 수학적 통계가 나옵니다. 그래서 골키퍼는 키커가 공을 차기도 전에 아무 방향으로나 몸을 날립니다. 운이 좋으면 막을 수 있는 것이고, 그렇지 않으면 거의 골을 허락하고 맙니다. 그래서 대부분의 나라들은 승부차기 성공률 92.8퍼센트라는 놀라운 기록을 갖고 있습니다. 운이 없게도 이탈리아는 승부차기 성공률이 50퍼센트 이하였지요.

따라서 독일은 1990년 이탈리아 월드컵 때 승부차기를 할 바에야 기권을 하겠다고 주장하기도 했는데 이유는 "이건 실력이 아니다. 행운의 여신이 누구 편을 들어 주느냐에 따라 결과가 달라지는 도박 같은 거다!"라고 했습니다. 하지만 아직도 월드컵에서는 여전히 승부차기를 최후의 수단으로 삼고 있습니다.

• 축구 선수들이 어려서부터 숙달하려고 애쓰는 기술 중 하나가 '**바나나킥**(Banana kick)'입니다. 이는 공이 공중에서 갑자기 방향이 바뀌도록 공을 차는 기술을 말합니다. 이 기술은 상대편 수비수와 골키퍼를 속이는 데 유용하며 상대편 페널티구역 가장자리 근처에서 프리킥을 하게 됐을 때 특히 효과적입니다.

축구에서 쓰이는 통계는 공 점유율, 공 침투방향, 슈팅 방향, 공격이 시작되는 위치, 코너킥과 프리킥 같은 세트 플레이 전술 등 다양합니다. 선수개인의 특징을 살피기 위해서 공을 가지고 있던 횟수와 시간, 달리는 속도, 심장박동 수, 패스 방향, 드리블 방향 등을 기록하기도 한다. 수집한 방대한 빅데이터를 분석해 전략을 짜는 게 요즘 스포츠 경기의 추세입니다. 축구뿐 아니라 야구나 배구 등 단체 구기 종목 대부분이 **전력분석관**을 동원해 데이터를 분석하고 전술을 짜고 있습니다.

• 2014년 브라질 월드컵에서 우승한 독일도 빅데이터를 활용한 전술로 주목 받았습니다. 당시 독일 코치진은 빅데이터 분석회사인 SAP와 손잡고, 선수들의 슈팅과 평균 공 점유 시간을 분석했습니다. 빠른 축구를 구사한 독일팀은 데이터를 활용해 공 점유 시간을 평균 3.4초에서1.1초로 대폭 줄였습니다. 브라질과의 4강전을 앞두고는 상대팀 모든 선수의 2년치 움직임을 분석하기도 했습니다. 이렇게 빅데이터를 분석한 통계 자료는 마침내 실전에서 승리를 불렀습니다. 2014 독일 축구팀의 우승은 스포츠 흐름을 수학적 통계라는 과학과 접합하는 변화의 계기가 됐습니다. 기존 스포츠 경기

에서 전술은 전문가의 경험과 감에 의존했다고 하면, **빅데이터**와 **사물인터넷**(IoT, Internet of Things) 기술을 받아들인 독일팀의 우승은 과학적인 분석 결과를 바탕으로 세운 전술이 효과가 있었다는 것을 증명해 보였기 때문입니다. 당시 분석에 사용한 'SAP 선수능력'이란 분석 프로그램은 선수들의 정강이 보호대 밑이나 선수복, 축구공 속에 삽입된 마이크로 센서들이 잡아낸 엄청난 양의 데이터를 받아서, 실시간으로 빠르게 분석해 내었습니다. 이 자료를 바탕으로 각 선수의 움직임과 볼 접촉 기록을 모아 팀 전체의 움직임을 그림으로 표시했습니다. 이를 이용하면 개인별 약점을 보완하고 팀 전체 효율을 높이는 훈련 계획을 세울 수 있습니다. 여기에 수많은 센서와 컴퓨터가 네트워크로 연결되어 정보를 주고받는 사물인터넷 기술이 쓰였습니다. 어마어마한 분량의 데이터 사이에서 의미 있는 정보를 골라내는 빅데이터 분석 기술도 큰 몫을 했습니다. 이런 사물인터넷 기술은 다른 종목의 선수에게도 센서를 붙여 활용할 수 있습니다.

24.2. 육상(Athletics)

육상에서 달리기 시합을 할 때 안쪽 코스와 바깥쪽 코스 중 어느 쪽 코스로 달리는게 가장 유리할까요? 간단하게 보면 안쪽 코스가 유리해 보이기도 합니다. 그렇다면 1번트랙을 중심으로 2번은 7.66미터 앞에서, 3번은 15.32미터 앞에서, 8번은 53.6미터 앞에서 출발하면 모두 똑같은 거리를 돌게 되므로 어느 트랙에서 뛰어도 상관은 없는 것일까요? 직선구간은 상관없지만 곡선구간을 살펴보면 1, 2번 레인의 선수들은 급격하게 구부러진 커브를 돌아야 하므로 큰 원심력을 이겨내야 합니다. 7, 8번 레인의 선수들은 커브는 완만하지만 다른 선수들보다 앞에서 달리게 되어 추월해야하는 경쟁 선수들을 볼 수 없어 심리적으로 불리합니다. 이와 다르게 3~6번 트랙은 무난한 곡률과 추월이라는 목표 의식으로 **가장 유리한 레인**이라 할 수 있습니다. 보통 예선전에서 좋은 성적을 낸 순서대로 3~6트랙으로 배정받게 되고 나머지 하위권 기록의 선수들이 1,2,7,8번 트랙으로 가게 됩니다.

• 육상이나 쇼트트랙, 빙상, 야구 등의 스포츠에서 왜 **반시계방향**인 왼쪽으로만 도는 것일까요? 전 세계 인구의 70%이상인 오른손잡이라는 게 여러 이유들 중에 하나입니다. 일반적으로 오른손잡이는 오른쪽 다리가 왼손잡이는 왼발이 발달해 있습니다. 곡선 구간을 돌 때 곡선 안쪽으로 몸을 기울여야 달려오는 속도를 유지하면서 달릴 수 있습니다. 이 때 빠르게 달리기 위해서는 안쪽 팔다리는 작게, 바깥쪽 팔다리는 크게 움직여야 좀 더 빨리 곡선 구간을 돌게 됩니다. 오른쪽 팔 다리를 더 심하게 움직여야 함에 시계반대방향으로 돕니다.

24.3. 양궁(Archery)

양궁(archery)은 멀리 떨어진 과녁을 향해 활을 쏘아 얻은 점수를 겨루는 경기입니다. 만약 여러분이 국가대표 선수를 선발하는 위치에 있다면, 어떤 선수를 올림픽에 데려가고 싶을까요? 최근 올림픽 양궁 경기의 규칙이 잘할 때와 못할 때의 기복이 적은 선수가 유리하도록 바뀌었습니다. 그렇다면 기복이 적은 선수를 선발해야 할 텐데, 선수가 기복이 큰지 적은지는 어떻게 알까요? 꾸준히 잘하는 선수가 유리한 양궁, 2016년 리우 올림픽에서 우리나라는 양궁 종목에 걸린 금메달 4개를 모두 차지하는 저력을 보여주었습니다. 우리나라가 오랫동안 각종 국제 양궁 대회에서 좋은 성적을 얻자, **국제양궁연맹**(FITA)에서는 한 국가의 독점을 막고 양궁에 대한 흥미를 좀 더 높이기 위해, 새로운 경기 방식을 마련했습니다. 기존 **개인전**에서는 3발씩 4번, 총 12발을 쏜 다음, 점수를 합산해 승부를 가렸지만, 리우올림픽에서는 5세트를 겨뤄 3세트를 먼저 이긴 선수가 승리하는 방식으로 경기가 치러졌습니다. **단체전**은 3명의 선수가 한 팀으로 출전하는데, 4세트를 겨뤄 먼저 총점 5점을 낸 팀이 승리합니다. 여기서 점수는 세트당 이기면 2점, 비기면 1점, 지면 0점입니다. 규칙을 다소 복잡하게 만든 이유는 그냥 총점을 더하면 우리나라 선수가 너무 유리하기 때문에 최대한 의외의 변수가 생기도록 한 것입니다. 그럼에도 불구하고 남녀 단체전과 개인전에서 모두 세계 정상에 우뚝 선 우리나라 양궁 대표선수들의 실력은 말 그대로 명불허전이라 하겠습니다. 양궁 선수 선발과 통계가 무슨 관계가 있을까요? 모든 스포츠가 그렇지만 특히 양궁 경기에서는 **집중력**이 중요합니다. 특히 한 번 실수로 세트를 잃을 수 있도록 규칙이 바뀌었기 때문에, 당연히 꾸준히 높은 점수를 얻는 선수가 유리합니다. 그리고 매회 선수들이 얻은 점수를 살펴보면, 누가 집중력이 강한지 알 수 있습니다. 선수 A와 B가 총 10발을 쏘아, 아래와 같은 점수를 냈고, 두 선수의 평균은 7점으로 같습니다. 그러나 평균만으로는 점수의 분포 상태를 알기가 힘들기 때문에,

각 점수를 몇 번씩 냈는지 막대그래프로 나타냅니다.

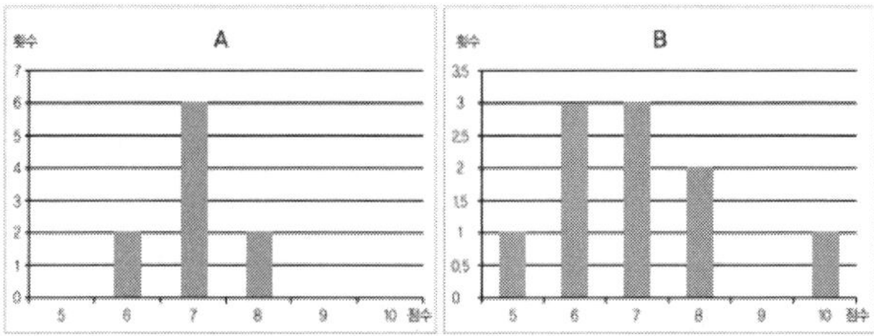

A선수(왼쪽)의 점수는 7점 부근에 모여 있지만, B선수(오른쪽)의 점수는 A선수에 비해 여러 점수대로 흩어져 있다.

양궁 점수별 횟수

A가 얻은 점수는 평균 점수인 7점 부근에 집중되어 있지만, B가 얻은 점수는 평균 점수인 7점을 중심으로 흩어져있습니다. 통계에서 자료들이 흩어져 있는 정도를 '**산포도**(degree of dispersion)'라고 하는데, B선수와 같이 점수가 평균을 중심으로 넓게 흩어져 있는 경우는 '산포도가 크다'라고 말합니다. 산포도가 작은 A선수가 B선수보다 성적이 고르다고 할 수 있습니다.

24.4. 야구(Baseball)

프로 야구에는 우리가 상상하기 어려울 정도로 비용이 많이 들어갑니다. 선수들에게 지급하는 비용뿐만 아니라 경기장 유지비나 홍보비처럼 구단을 유지하기 위해 들어가는 비용도 어마어마하지요. 그래서 구단은 경기에서 이겨야 하고, 그러기 위해서는 우수한 선수를 확보하는 것이 무엇보다 중요합니다. 구단을 운영하는 자들은 어떤 선수를 데려와야 할지, 그 선수에게 매겨진 가격표가 합당한지 등을 신중하게 따져봅니다. 옛날에는 구단주와 감독의 경험과 직감에 따라 결정했다면, 요즘은 통계 데이터를 바탕으로 결정합니다. 야구도 흔히 '**기록의 스포츠**'라고 하는데 타율, 자책점, 출루율처럼 경기 내용을 알 수 있는 지표 대부분이 수치화돼 있고, 이를 바탕으로 선수를 평가하는 다양한 방법도 마련돼 있습니다. 야구에서 객관적인 수치로 평가하는 방식을 '**세이버메트릭스**(Sabermetrics)'라고 부르며 세이버메트릭스를 구단 운영에 도입하기 시작한 사람은 미국의 오클랜드 애슬레틱스의 단장인 빌리 빈입니다. 그는 선수들의 기록을 통계적으로 분석한 결과를 가지고 새로운 선수를 영입해서 20연승이라는 대기록을 세웠고, 그의 역사적인 성공은 '머니볼(Moneyball)'이라는 영화로도 만들어졌습니다. 우리나라에는 아직 세이버메트릭스가 본격적으로 도입되지 않았으나 한국 프로야구의 현실에 맞는 분석법이 점차 마련되리라 봅니다.

• 현대 야구에서 가장 많이 쓰이는 지표 중 하나인 **대체선수 대비 승리기여도**(WAR, Wins Above Replacement)는 성적이 좋지 못한 대체선수에 비해 얼마나 많은 승리에 기여했는가를 나타내는 수치입니다. 예를 들어, 2010년 이대호선수의 WAR은 8.76이었는데, 이 말은 그가 대체선수에 비해 팀에 8.76승을 더 안겨 주었다는 뜻입니다. WAR은 단순히 타율이나 출루율 등 한두 가지 항목으로 선수를 평가하는 지표가 아니고, 한 선수가 기록한 전 종목의 성적을 바탕으로 계산하며, 그 해의 상황까지도 포함됩니다. 리그와 구장 상황까지도 반영되기 때문에, 1921년 베이브 루스의 WAR 14.0과 2010년 추신수의 WAR 7.3을 비교할 수도 있습니다. WAR은 다양한 분야의 기록을 모으고 또 상황에 따른 보정까지 거쳐야 하기 때문에, 가장 계산하기 어려운 지표로 꼽히기도 합니다. WAR을

구하는 데 있어 가장 중요한 부분이 바로 기준을 정하는 일인데 WAR에서 말하는 대체선수는 이렇습니다 "평균 이하의 성적을 기록하는 선수, **트레이드 시장**(trade market)에서 쉽게 구할 수 있는 선수, 많이 출전할수록 팀 성적에 악영향을 끼치는 선수." WAR은 '어떤 선수가 가치 있는가'라는 가장 기본적이면서 중요한 정보를 주는 지표라고 할 수 있기 때문에 WAR은 경기 전반에 걸쳐 작용하는 모든 요소를 고려해서 공헌도를 계산하며 수비를 뛰어나게 잘하는 선수도 인정받을 수 있습니다.

• 야구뿐 아니라 권투, 펜싱, 유도 같은 스포츠에서 **오른손잡이 선수**와 **왼손잡이 선수**가 서로 맞닥뜨리면 어떻게 될까요? 소수의 혼 손잡이와 **양손잡이**는 차치하고 운동선수들 중 90%는 오른손잡이이고 10%는 왼손잡이라고 가정해봅시다. 오른손잡이 선수들은 시합의 90%에서는 오른손잡이 상대편을 만나고, 시합의 10%에서만 왼손잡이와 겨루는 비교적 익숙지 않은 경험을 할 것입니다. 반면 왼손잡이 선수들은 시합의 90%에서 오른손잡이를 만날 것이므로 오른손잡이를 이기는 데 필요한 요령을 많이 체득할 것입니다. 오른손잡이들은 왼손잡이를 이기는 데 필요한 요령을 그만큼 체득하지 못할 것입니다. 왼손잡이들은 시합의 10%에서만 다른 왼손잡이와 겨루는 익숙지 않은 경험을 하겠지만 맞붙는 두 왼손잡이 중 어느 한쪽도 상대보다 불리한 상황에 있지 않을 것입니다. 따라서 전반적으로 오른손잡이 대 오른손잡이 시합과 왼손잡이 대 왼손잡이 시합은 대등하게 펼쳐지지만 왼손잡이 대 오른손잡이 시합은 그런 시합 경험이 더 많은 왼손잡이에게 유리합니다.

24.5. 스포츠 수학(Sports Mathematics)

축구를 야구의 세이버메트릭스처럼 통계적으로 분석할 수 있을까요? 예전에는 꿈같은 이야기였지만, 요즘 우리가 사는 **빅데이터** 시대에는 가능합니다. 축구에는 어떤 지표가 있을까요? 전통적으로 축구는 다른 종목에 비해 변수가 많고 예측하기 어려운 종목입니다. **도박사**들은 매 경기마다 어느 팀이 이길지 맞히는 게임을 하는데, 이때 배당률을 정합니다. 보통 강팀에 돈을 건 사람은 적게 받고 약팀에 돈을 건 사람은 많이 받습니다. 강팀이 이길 확률이 높기 때문에 '배당률이 낮은 강팀'이라고 표현할 수 있습니다. 그런데 축구는 강팀이 이길 확률이 빅데이터로 볼 때 53% 밖에 안 됩니다. 이것은 강팀이나 약팀이나 경기에서 이길 확률이 거의 비슷하다는 뜻으로도 해석할 수 있습니다.야구에서 여러 지표를 이용해 어떤 팀이 강한지, 어떤 선수가 잘하는지를 평가하는 것처럼, 축구도 팀과 선수의 실력을 평가하는 데 사용하는 지표가 있습니다. 골, 어시스트, 반칙, 코너킥 같은 것입니다. 축구는 전후반 45분 동안 경기가 쉼 없이 진행되다 보니, 경기 내용을 일일이 기록하기란 쉬운 일이 아니어서 축구는 경기 특성상 기록을 남기기 어려운 스포츠입니다. 그런데 최근 들어서 축구의 기록에 변화가 생겼습니다. 대표적인 지표 외에 패스 정확도, 총 이동 거리, 드리블 거리, 드리블 성공률, 슈팅으로 이어진 키 패스와 같은 것들도 기록으로 남기 시작했고 데이터 수집과 분석 기술이 개발되면서 90분이 넘는 경기 영상에서 원하는 자료를 얻어 이를 분석할 수 있게 되었습니다.

• **빅데이터**를 분석하기 위해서는 전문적인 지식이 필요한데 그 중

에서도 수학적인 지식이 절대적으로 요구됩니다. 통상 빅데이터 전문가는 공통점이나 내용이 정해져 있지 않은 많은 양의 데이터를 만들거나 수집해 관리하면서 데이터 안에서 사람들의 행동 패턴을 알아내고 경제 상황을 예측하며 여러 분야에 걸친 정보를 다룹니다. 이를 위해서는 통계학과 비즈니스 컨설팅 그리고 **데이터 분석**을 위한 설계 기법에 대한 지식이 있어야 합니다. 앞으로의 시대에는 컴퓨터, 모바일, 사물인터넷(IoT), SNS 등이 더 발전하게 될 것이고, 빅데이터는 점점 더 중요해질 것으로 봅니다. 빅데이터 분석가를 중심으로 이 분야의 전문 인력을 필요로 하는 곳도 많아질 것입니다.

그래프 이론은 토너먼트 일정을 잡는 데 도움이 됩니다. 기하학적 아이디어에 크게 의존하는 조합론의 분기인 그래프 이론은 점과 선으로 구성된 다이어그램을 사용하여 다양한 수학 문제에 대한 통찰력을 얻습니다. **토너먼트 일정 문제**를 해결하기 위한 도구로 그래프 이론을 사용하는 선구자는 로잔 폴리 테크닉 대학에서 경력을 쌓은 도미니크 베라 교수(Dominique De Werra)입니다.

• 빅데이터 분석 관련 직업으로는 언급한 스포츠데이터 분석가 이외에도 데이터마이닝, 정보경영자, 정보통신 데이터베이스관

리자, 통계분석가, 소프트웨어개발자, 정부, 공공기관 통계직공무원, 통계학연구원, 수학연구원, 자연과학시험원, 인공위성개발원 등입니다. 자연, 사회, 경제 등 다양한 분야에서 얻은 방대한 양의 데이터를 처리하려면 여러 가지 기술이 필요합니다. 인공지능은 빅데이터 기술을 바탕으로 만들어진 것이며 방대한 데이터를 처리하기 위해서는 빠른 컴퓨터가 필수이므로, 하드웨어 기술도 뒷받침되어야 하고, 데이터 처리에 통계적 기법을 활용하므로 수학적 지식과 통찰력도 갖고 있어야 합니다. **스포츠데이터 분석분야**는 수학적 통찰력과 분석력이 구비되어 있고, 새로운 지식탐구에 관심이 높으며, 다른 사람들과 원만한 대인관계 및 의사소통 능력이 원만하다면 반드시 도전해 볼 새로운 전도 촉망된 분야입니다.

바야흐로 빅데이터 스포츠 시대가 열렸고 미래 스포츠는 **사물인터넷** 기술이 지배할 것이라는 예측도 조심스레 나오고 있습니다. 선수복은 물론 야구 장갑, 골프 장갑, 야구 방망이, 테니스 라켓, 선수들이 쓰는 헬멧이나 신발 속에까지 센서를 넣으면 선수에 대한 데이터를 얻을 수 있습니다. 그리고 지금보다 성능이 훨씬 더 좋은 센서와 분석 기술이 나오면 선수들의 세심한 몸동작이 모두 데이터로 바뀌는 **빅데이터 스포츠** 시대가 열릴 것입니다.

수학 명언속담

▸ 기하학을 모르는 자는 이 문안으로 들어오지 말라(Let no one ignorant of geometry enter).

✐ **플라톤** (Plato, 약BC 428–348, 그리스의 철학자, 사상가)

▸ 기하학에는 왕도가 없다(There is no Royal Road to Geometry).

✐ **유클리드** (Euclid of Alexandria, B.C.325?–B.C.265?)

▸ 수학적 지식이 없이는 이 세상의 물건들이 만들어지지 못했을 것이다(For the things of this world cannot be made known without a knowledge of mathematics).

✐ **로저 베이컨** (Roger Bacon, 1220–1292, 영국의 철학자 · 자연과학자)

▸ 수학은 과학의 열쇠이자 문입니다(Mathematics is the key and door to the sciences).

✐ **갈릴레오 갈릴레이** (Galileo Galilei, 1564–1642, 이탈리아의 수학자, 철학자, 천문학자).

▸ 의미가 최대 혹은 최소가 아닌 일은 이 세상에서 일어나지 않습니다(Nothing takes place in the world whose meaning is not that of some maximum or minimum).

✐ **오일러** (Leonhard Euler, 1707–1783, 스위스 수학자)

▸ 모든 자연 현상은 그저 적은 수의 불변하는 법칙에서 나온 수학적인 결

과일 뿐이다(All the effects of Nature are only the mathematical consequences of a small number of immutable laws).

✐ 라플라스(Pierre-Simon Laplace, 1749-1827, 프랑스 수학자)

▸ 수학에 어려움을 겪는 그대들은 걱정하지 마시오. 내가 겪는 어려움이 그대보다 훨씬 더 클 것이오(Do not worry too much about your difficulties in mathematics, I can assure you that mine are still greater).

✐ 아인슈타인 (Albert Einstein, 1879-1955, 미국)

▸ 수학은 사랑과 같아서 단순한 아이디어가 곧잘 복잡해진다(Math is like love – a simple idea but it can get complicated).

✐ 아인슈타인 (Albert Einstein, 1879-1955, 미국)

▸ 실수를 한 적이 없는 사람은 새로운 것을 시도하지 않았습니다(A person who never made a mistake never tried anything new).

✐ 아인슈타인 (Albert Einstein, 1879-1955, 미국)

▸ 눈먼 딱정벌레가 지구 표면을 기어갈 때 자신이 지나온 궤도가 구부러져 있다는 사실을 알아차리지 못합니다. 나는 단지 그것을 발견하는 행운을 가졌습니다(You see, when a blind beetle crawls over the surface of a globe he doesn't notice that the track he has covered is curved. I was lucky enough to have spotted it).

✐ 아인슈타인 (Albert Einstein, 1879-1955, 미국)

▸ 수학은 과학의 여왕이요, 정수론은 수학의 여왕이다(Mathematics is the queen of science, and arithmetic the queen of mathematics).

✐ 가우스 (Carl Friedrich Gauss, 1777-1855, 독일수학자)

▸ 수학자는 프랑스인과 같아서, 남이 무슨 말을 하건 자기 나름의 언어로 번역하는데, 그 즉시 완전히 다른 의미가 되어 버린다(Mathematicians are like Frenchmen: whatever you say to them they translate into their own language and forthwith it is something entirely different).

✐ **괴테** (Johann Wolfgang von Goethe, 1749–1832, 독일 문호)

▸ 신은 만물을 수로써, 즉 무게와 크기로써 만들었다. 진리는 사물의 복잡성과 혼동이 아니라 단순함에서 발견됐다(God made all things by number, namely by weight and size. The truth is not in complexity or confusion, it can always be found in simplicity).

✐ **아이작 뉴턴** (Sir Isaac Newton, 1643–1727, 영국의 수학자 물리학자)

▸ 제가 세상에 어떻게 보일지 모르겠지만, 저는 단지 해변에서 놀고 있는 소년 과도 같았고, 평범해 보이지 않은 더 매끈한 조약돌이나 더 예쁜 조개를 발견하려고 이리저리 다니면서 기뻐한 것 같았습니다. 제 앞에 거대한 진리의 바다는 발견되지 않은 채 있는데요(I do not know what I may appear to the world, but to myself I seem to have been only like a boy playing on the seashore, and diverting myself in now and then finding a smoother pebble or a prettier shell than ordinary, whilst the great ocean of truth lay all undiscovered before me).

✐ **아이작 뉴턴** (Sir Isaac Newton, 1643–1727, 영국의 수학자 물리학자)

▸ 완전수는 완전한 사람만큼이나 매우 드물다(Perfect numbers like perfect men are very rare).

✐ **데카르트** (Rene Descartes, 1596–1650 프랑스 수학자)

▸ 시인 기질을 갖추지 못한 수학자는 결코 완벽한 수학자가 못 된다는 것이 진실이다(A mathematician who is not also something of a poet will never be a complete mathematician).

✐ **바이어슈트라스** (Karl Weierstrass, 1815–1897, 독일 수학자)

▸ 수학은 인종이나 지리적 경계도 모르기에, 수학에 있어서 문화를 지닌 세계는 모두 한 나라다(Mathematics knows no races or geographical boundaries; for mathematics, the cultural world is one country).

✐ **힐버트** (David Hilbert, 1862–1943, 독일 수학자)

▸ 과학에 있어서는 증명할 수 있는 것이 증명 없이 믿어져서는 안된다(That which is provable, ought not to be believed in science without proof).

✐ **데데킨트** (Richard Dedekind, 1831–1916, 독일 수학자)

▸ 수학의 본질은 그 자유로움에 있다(The essence of mathematics is in its freedom).

✐ **게오르크 칸토어** (Georg Cantor, 1845 - 1918 러시아태생 독일 수학자)

▸ 인간은 자연에서, 그것도 가장 약한 갈대에 불과하다. 그러나 생각하는 갈대다(Man is but a reed, the most feeble thing in nature; but he is a thinking reed).

✐ **파스칼** (Blaise Pascal, 1623–1662, 프랑스의 수학자 겸 심리학자, 작가, 철학자)

▸ 수학자들은 사물을 다루는 것이 아니라 사물 간의 관계를 다룬다(Mathematicians do not study objects, but relations between objects).

✐ **포앙케레** (Jules Henri Poincare, 1854–1912, 프랑스 수학자)

▸ 무한 이외에 다른 어떤 물음도 인간의 정신을 그렇게 심오하게 움직인 질문은 없습니다. 그의 지성을 그토록 유익하게 자극한 아이디어는 없습니다. 그러나 무한의 개념보다 더 명확하게 필요한 개념은 없습니다(No other question has ever moved so profoundly the spirit of man; no other idea has so fruitfully stimulated his intellect; yet no other concept stands in greater need of clarification than that of the infinite).

✐ **힐버트** (David Hilbert, 1862–1943, 독일 수학자)

▸ 왜 수는 아름다운가? 이것은 왜 베토벤 9번 교향곡이 아름다운지 묻는 것과 같다. 당신이 이유를 알 수 없다면, 남들도 말해줄 수 없다. 나는 그저 수가 아름답다는 것을 안다. 그게 아름답지 않다면, 아름다운 것은 세상에 없다(When asked why are numbers beautiful? It's like asking why is Ludwig van Beethoven's Ninth Symphony beautiful. If you don't see why, someone can't tell you. I know numbers are beautiful. If they aren't beautiful, nothing is).

✐ **폴 에르되시** (Paul Erdös, 1913–1996, 헝가리 수학자)

▸ 인생의 목적은 증명하고 추측하는 것이다(The purpose of life is to prove and to conjecture).

✐ **폴 에르되시** (Paul Erdös, 1913–1996, 헝가리 수학자)

▸ 무덤에서 쉴 시간이 많을거야(There'll be plenty of time to rest in the grave).

✐ **폴 에르되시** (Paul Erdös, 1913–1996, 헝가리 수학자)

▸ 천재는 영감으로 되는 게 아닙니다. 영감은 땀입니다. 천재는 1 %의 영감과 99 %의 땀입니다(Genius is not inspired. Inspiration is perspiration. Genius is one per cent inspiration and ninety–nine percent perspiration).

✐ **에디슨** (Thomas Edison, 1847–1931, 미국 발명가)

▸ 수학을 배우는 유일한 방법은 수학을 하는 것입니다(The only way to learn mathematics is to do mathematics).

✐ **할모스** (Paul Richard Halmos, 1916~2006, 헝가리 수학자)

▸ 우리는 짧은 앞만 볼 수 있지만, 그곳에 해야 할 일은 얼마든지 많이 있습니다(We can only see a short distance ahead, but we can see plenty there that needs to be done).

✐ **튜링** (Alan Mathison Turing, 1912–1954, 영국의 수학자, 암호학자)

▸ 우리 학교에서 가장 똑똑한 소년은 수학과 물리학을, 덜 똑똑한 소년은 물리학과 화학을, 가장 똑똑치 못한 소년은 생물학을 공부했습니다. 나는 수학과 물리학을 하고 싶었지만, 아버지는 화학을 공부하라 했습니다. 왜냐하면 수학자에게 직업이 없을 것이라고 생각했기 때문입니다(In my school, the brightest boys did math and physics, the less bright did physics and chemistry, and the least bright did biology. I wanted to do math and physics, but my father made me do chemistry because he thought there would be no jobs for mathematicians).

✐ **스티븐 호킹** (Stephen William Hawking, 1942–2018, 영국의 이론물리학자)

수학에 대한 조크

- 수학자와 그의 가장 친한 친구인 엔지니어는 〈13차원 공간에서 기하학〉에 대한 공개강의에 함께 참석합니다. "너는 어땠어?" 수학자가 강의를 마친 후에 알고 싶어 합니다. 엔지니어는"머리가 빙글빙글 돌고 있어…"라고 고백합니다. "13차원 공간에 대한 직관을 어떻게 개발할 수 있지?" 수학자는 "글쎄, 어렵지도 않다. 내가 하는 일은 임의의 n차원 공간에서 상황을 시각화한 다음 n = 13으로 설정하는 것뿐이야."

- "파이(Pi)가 뭐야?"
  수학자: "파이는 원의 둘레에 대한 지름의 비율입니다."
  컴퓨터 프로그래머: "Pi는 배정밀도로 3.141592653589입니다."
  물리학자: "Pi는 3.14159 플러스 마이너스 0.000005입니다."
  엔지니어: "Pi는 약 22/7입니다."
  영양사: "파이는 건강하고 맛있는 디저트입니다!"

- 한 텍사스인이 수학자에게 묻는다. "수학을 도대체 어디에 써먹죠?" 수학자가 대답한다. "고민되는 문제로군요. 이건 마치 당신이 어떤 사람에게 처음으로 그랜드 캐니언을 구경시켜 주는 것과도 같습니다. 그가 당신에게 묻습니다. '그래서 이걸 어디에 써먹죠?' 글쎄요, 아마도 당신은 절벽 아래로 그를 차 버리지 않을까요?"

- 수학자, 물리학자, 공학자가 스코틀랜드에서 기차 여행을 하던 도

중 창 밖에 검은 양이 한쪽을 보이며 서 있는 것을 발견한다. "와" 공학자가 말한다. "스코틀랜드의 양들은 검정색이구나." "아냐" 물리학자가 말한다. "어떤 스코틀랜드의 양은 검정색이라고 말해야지." "아냐, 아냐" 수학자가 말한다. "스코틀랜드에는 적어도 한 면이 검정색인 양이 적어도 한 마리 있다–이렇게 말해야지."

- 물리학자가 도움을 청하는 존재는 수학자밖에 없고, 수학자가 도움을 청하는 존재는 신밖에 없다(Mathematicians are the only ones physicists ask for help, and only God is the ones mathematicians ask for help).
- 수학자는 증명되기 전까지는 아무것도 믿지 않는다(A mathematician belives nothing until it is proven).
- 수학은 어려운 개념을 쉬운 말로 표현하는 과학이다(Mathematics is the science which uses easy words for hard ideas).
- 신은 자신이 수학자라고 생각한다(God thinks he is a Mathematician).

찾아보기

ㅂ.

ㅅ.

ㅇ.

ㅎ.

A.

B.

C.

D.

G.

I.

L.

M.

N.

O.

R.

S.

T.

숫자